身边就有自然奇迹

[法] 斯特凡·赫德　著　[意] 马塞洛·佩蒂内奥　绘

张瑾儿　郭　玮　张　泠　译

電子工業出版社
Publishing House of Electronics Industry
北京·BEIJING

Originally published in France as:
Les Carnets de nature ludiques et poétiques by Stephane Hette & Marcello Pettineo

版权贸易合同登记号　图字：01-2022-0567

图书在版编目（CIP）数据

身边就有自然奇迹 /（法）斯特凡・赫德著；（意）马塞洛・佩蒂内奥绘；张瑾儿，郭玮，张泠译．—北京：电子工业出版社，2023.4

ISBN 978-7-121-44460-9

Ⅰ．①身… Ⅱ．①斯… ②马… ③张… ④郭… ⑤张… Ⅲ．①自然科学－普及读物 Ⅳ．① N49

中国版本图书馆 CIP 数据核字（2022）第 200946 号

责任编辑：张艳芳
印　　刷：天津市银博印刷集团有限公司
装　　订：天津市银博印刷集团有限公司
出版发行：电子工业出版社
　　　　　北京市海淀区万寿路173信箱　　　邮编：100036
开　　本：787×1092　1/16　　印张：14　　字数：495千字
版　　次：2023年4月第1版
印　　次：2023年4月第1次印刷
定　　价：128.00元

凡所购买电子工业出版社图书有缺损问题，请向购买书店调换。若书店售缺，请与本社发行部联系，联系及邮购电话：（010）88254888，88258888。
质量投诉请发邮件至 zlts@phei.com.cn，盗版侵权举报请发邮件至dbqq@phei.com.cn。
本书咨询联系方式：（010）88254161～88254167转1897。

推荐序

前些年，总觉得探索自然，观察自然，拍摄野生动物是一件大动干戈、惊天动地的大事，恨不得非要飞出去 2000 公里不可，一头扎进西部群山、原始森林或者青藏高原，这件事才有它的仪式感、专业性和严肃性。

这几年，由于疫情的原因，不方便出差，我和身边的自然摄影师、自然观察爱好者一样，采访拍摄、科普考察活动少了，但在这种状态下也不是没有收获——我们都更加关注起“身边的自然”了。例如，陪着孩子在雨后傍晚的金色夕阳下捉捉金龟子，看它的奇异反光；到郊区看看萤火虫；晨练的时候在城墙根还能邂逅一两只刺猬；与频繁光顾我们住宅小区的黄鼠狼相遇。奥林匹克森林公园的各种候鸟，我看着它们冬去春来；在天坛公园里，观察大斑啄木鸟被灰喜鹊欺负，以及从它们身边呼啸而过的松鼠……

“城市中的野生动物”已经成了一个圈内流行的话题，我一直零散地感受着这种和自然接近的生活。所以当编辑把这本书快递给我时，我眼前一亮，它将我一直关注的自然生态题材和生活方式有机地结合在一起。作者从身边平常的自然环境中发掘生命的奇迹，这种“自然生态 + 周边生活”的观察方式是我所喜欢的——轻松自然，不急不徐，提醒读者多多留意身边的物种，不需要刻意追求那些珍禽异兽——就如同《博物》的编辑“章鱼哥”一直在拍摄生活在古建筑旁的松鼠一般。

书里出现的这些动物也许没有进入 IUCN 红色濒危物种名录，但是它们中的某些物种同样有着几亿年的进化历史，有的是恐龙时代的孑遗物种，我们可以在博物馆看到它们祖先的化石，它们穿越了几亿年的光阴现在依然存在，身体只有些许的变化；它们虽然渺小，但无论是经历了地球的地质灾难，甚至小行星的撞击，抑或是人类的战争或者消灭动物运动，都依然顽强地在地球上生存，所以，它们虽然平凡，却有着顽强的生命力量，它们身上同样有着这个古老星球所有生命形式上都传承不息的自然造物密码。

这本书带给我们一个细腻的观察视角——昆虫的复眼、蜻蜓的翅膀、萤火虫的“小灯笼”、刺猬的骨骼、鸟类的飞羽……作者斯特凡·赫德用特写微距照片给我们带来视觉冲击力，用幽默诙谐的文字表达了对自然的崇敬和热爱，配合马塞洛·佩蒂内奥风趣的自然手绘，让我在阅读时常常忍俊不住，这种轻松愉快的阅读感让我倍感惊喜。更重要的是，这本书教给大家一个很好的自然观察方法和习惯：用观察 + 记录 + 绘画 + 拍摄的形式探索身边的自然奇迹。我觉得应该让观察自然的人们放下手机，拿起画笔、笔记本、放大镜和望远镜，做真正的探索和思考，而不是现拍下来回家再查资料——真正能这样做的人能有几个呢？所以，这本书也是一个行动的指引，一个投身自然的动机，告诉我们如何观察自然，从细节和宏观两个方面，去思考，去归纳总结。

2022 年夏天，肆虐全球的热浪，长时间的降雨和世界范围内的洪灾给我们留下了深刻印象；南极冰川的融化，北极的升温，越来越频繁的台风和自然灾害，都印证着全球变暖的脚步一直在加快。也许年轻一代和孩子们能从一点一滴的自然观察积累中重启对大自然和我们这颗脆弱星球的爱，将来才能点燃起保护全球生物多样性的火焰，接过这个爱自然、爱地球的接力棒。我们要尽力将这个种子播撒下去。

张劲硕
中国科学院动物研究所博士
国家动物博物馆副馆长、研究馆员

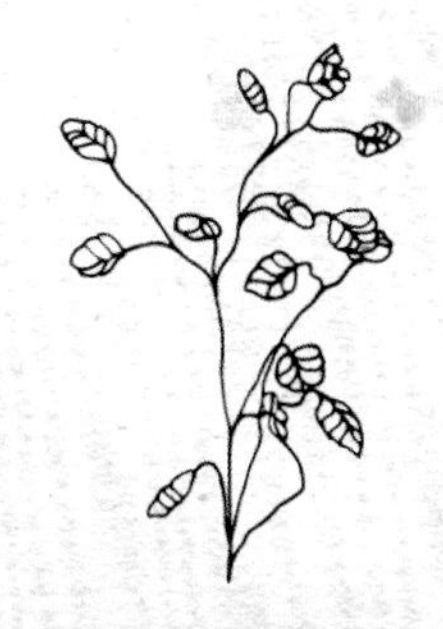

译者的话

在开始正式翻译本书之前，面对这样一个专业的科普题材，我的心情紧张而期待。紧张，是因为自然世界对我而言既陌生又新鲜，下笔前需要做足功课；期待，是因为自己获得了这个宝贵的机会，为“保护自然”这一庞大而缥缈的课题，献出自己的绵薄之力——将一道道阻碍理解的文化高墙，化为可以窥探美丽风景的沟通之窗。

而我真正开始翻译之后，可谓饱尝信达雅之“甜蜜烦恼”。固然，为追求翻译的专业性和准确度，须花费大量心血，从最初的“生物盲”到如今蜻蜓分为几科几属、植物如何繁衍后代等知识可谓信手拈来。然而与预想之中的枯燥的翻译截然不同的是，书中处处是诙谐生动的文笔，跃然纸上的比喻和典故，天马行空的想象力……大自然本就是如此的妙趣横生！书中真情实感的叙述、万里挑一的摄影照片和幽默生动的插画，向我们展示了被忽视已久的、生机勃勃的自然之美：奋力向阳生长的野草，蜻蜓点水的浪漫之旅，破茧而出的灿烂新生，适者生存的顽强拼搏……自然法则远比人类想象的复杂，正因如此，作者无处不在悄悄提醒着我们：多一分了解，多一分热爱，多一分敬畏。

特别感谢本书的作者斯特凡先生。你如此耐心地详解每一个或大或小的问题，时差和距离丝毫未曾影响我们的顺畅沟通。深夜或黎明的无数次热烈讨论，你的直率、幽默、才华和专业让人动容。遇见这样一位敬业而可爱的作者，身为译者感到无比幸运！

感谢张泠老师，感谢你对我们的信任和赏识，你是我们柔软又坚强的后盾。

感谢家人一如既往的鼓励和支持。

最后，最想感谢的是带着好奇之心翻开这本书的你，若书中有一段文字让你开怀一笑，或沉醉其中，或有感而思，那便是作者和我们最大的幸事。

欢迎踏上这段奇妙的自然之旅！

张瑾儿

2021 年 8 月 5 日于广东河源

致　谢

感谢法国《自然图像》*Nat'Images* 杂志的每一位编辑朋友，你们自 2010 年创刊以来，用十年如一日的热情，甚至是有点疯狂地苦心经营着自然主义栏目！

感谢挚友们，是你们毫无保留地、并将一如既往支持我们，对吗，卡蒂?

感谢帕特里克和玛丽、莫德和曼妞、玛丽和纳德格、伯努瓦、巴斯蒂安、帕斯卡和吉吉、弗雷德里克和奥德、迪迪埃和泰迪、托尼、文森特、吉斯莱恩和克里斯蒂娜、马努和珀赖因……特别感谢马塞洛，感谢你的才华，你的友谊！

感谢吉・米歇尔一直鼓励着我们。

感谢安德烈在这段旅途中从始至终的陪伴。

感谢娜塔莎为我们写了如此真挚丰富的序言！

感谢热情洋溢的编辑弗雷德里克，图书的设计是如此精美，每每翻开，都仿佛打开了一个装满小动物和植物的珍宝匣子！

感谢每一位选择了这本书的读者，希望你喜欢这本书，从中窥探到万分美丽而又万分脆弱的大自然。

最后，感谢法国昆虫与环境保护协会的朋友们，以及所有致力于用各种方法保护自然、传播自然知识的人们……

斯特凡・赫德

感谢我的父亲、母亲、兄弟姐妹、我的孩子们。尤其感谢我的搭档斯特凡，感谢你的才华和你的专业水平让本书如此生动而幽默，感谢你的信任，你的友谊，还有你提供的所有绝佳机会，让我们得以交流志趣一致的自然观。

马塞洛・佩蒂内奥

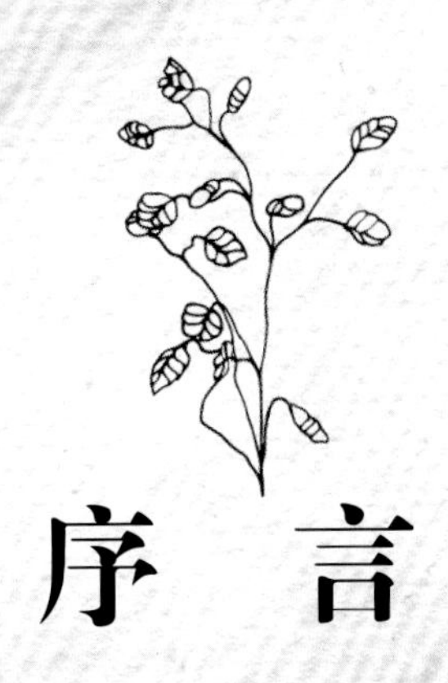

序 言

十年前，气候变化对于大多数人而言仍是个抽象的概念。而如今，气候变化已成为事实，因为我们已经亲眼所见其深远的影响。除此之外，地球面临的第二个关键问题是生物多样性，即使地球正经历着第六次物种大灭绝。然而遗憾的是，目前只有为数不多的人关注此事。自人类在地球上诞生以来，我们从未经历过如此大规模的物种灭亡：超过三分之一的物种正濒临灭绝。

如果说大象、老虎和大猩猩等标志性物种都只勉强地吸引着人类的注意，你可以想象那些活在角落里的、“不讨人喜欢的”物种早已被人类抛至脑后。即使身为不可替代的、保证地球的粮食生产的如此至关重要的传粉昆虫——蜜蜂——也未能使人类动容。面对已然敲响的警钟，我们不管不顾，让大批的蜜蜂死于大量喷洒的杀虫剂和高强度的连作种植中。然而，全球将近四分之三的农业生产都依赖于昆虫传粉。

动植物的和谐共生，宏观世界和微观世界的水乳交融，这个生物链构成了大自然的重要平衡。若打破这个珍贵的平衡，生命将不复存在。

人类自诩为世界的主人，因而忽视地球上的其他生物，这实在是大错特错。近年来，越来越多的现象已经为我们敲响了警钟……当自然重新掌权，人类脆弱至极，不堪一击。你曾聆听过鸟儿的歌唱，你曾在窗前观察过一些生物，然而当你被困于高墙之下时，才发现它们早已销声匿迹。

我深信人类应该行动起来，保护生物多样性，我们责无旁贷。而在此之前，首先应从发现生物世界的多彩和美妙开始。这正是斯特凡·赫德和马塞洛·佩蒂内奥为我们迈出的一步：斯特凡拍摄的精美照片将给读者带来一场视觉盛宴，让我们在幽默而生动的知识天地中翱翔，在大自然的深处开始一场旅行！

两位作者尽其所能，带我们探索这个时常被忽视的世界，了解大自然的美丽和鬼斧神工，让我们意识到保护美丽而有益的大自然是如此重要。多一丝惊叹，多一分了解，都将对保护地球大有裨益。感谢他们的付出。

娜塔莎·哈莉

植物学家、记者、法国动物保护协会前主席（2013—2018）

目　录

“一只蝴蝶在夏威夷轻拍翅膀，可以导致一个月后得克萨斯州的一场龙卷风。你一定拥有比蝴蝶扇翅更大的力量，对吗？”

——贝纳尔·韦尔贝

蝶角蛉

介乎蝴蝶和蜻蜓之间的小精灵

Libelloides coccajus (Denis & Schiffermüller, 1775)

#拯救小昆虫！

#非常紧急！

蝶角蛉的翅膀。
这是大自然的鬼斧神工，好似一扇扇精心雕刻的彩绘玻璃窗，细细观察的人定能发现这个大自然馈赠的珍宝。

我时常幻想，如果蝴蝶和蜻蜓这两种美丽的昆虫能够产生爱情的结晶，该多美妙。直到有一天，当我在普罗旺斯阿尔卑斯省会迪涅莱班附近寻找条纹长尾蛾的时候，我终于偶遇了这种蝴蝶和蜻蜓的混合体：淡黄色的蝶角蛉！

关于脉翅目

从词源学角度出发，人们可能会将脉翅目（*Neuroptera*、névroptères或planipennes）和神经病患者（névrosés）联系在一起，然而它们并无关系。脉翅目有5704种，其中法国记载有162种，如蚁蛉和草蛉，以及来自蝶角蛉科的蝶角蛉们。世界已知的蝶角蛉约有300种，法国已知的约有十来种。蝶角蛉可并不常见哦！

长长的大触角！

蝶角蛉拥有若隐若现的翅膀，翅面上有纵横交错的翅脉。翅膀呈白色或者明黄色，底色有黑点。其黑色的、毛茸茸的身子上，点缀着零星的黄色。蝶角蛉拥有复眼，触角和身子一般长，活像一个无线电发射员！那对引人注目的触角可能会让你想起蝴蝶，然而蝶角蛉触角顶端的小球较为特别，在多愁善感的人眼里，这小球多像一对小爱心呀！

蝶角蛉无论雌雄在两次飞行之间会充分地享受阳光。双翅展开是它们的标准姿态。

追逐阳光！

和许多昆虫一样，蝶角蛉喜热，因此对于阳光灿烂的开阔环境有着本能的嗜好。当它们休息时，翅膀在身体上方闭合；一动不动地闭目养神时，你可以长时间尽情地欣赏它们。在阳光下的捕食间隙里，它们常常栖息在草上，全神贯注地准备着下一次起飞。

清晨的温度较低，蝶角蛉仍在地面，这是观察它们的最佳时刻。随着温度的攀升，它们就会飞起来。它们的飞行速度很快。观察它们要保持 5 米以上的安全距离，否则会把它们吓跑。

雌雄分明

雌雄蝶角蛉有着几乎相同的大小，约为 45 ～ 55 毫米不等。最明显的区别是它们的腹部。蝶角蛉和蜻蜓一样，腹部有 10 节。然而，蝶角蛉先生和蜻蜓先生一样，在腹部末端有两个大大的抱握器，用于在飞行中抓住雌性。

幼虫

蝶角蛉的幼虫阶段持续两年。它们在干燥的土壤和岩石间穿行，凹凸不平的岩石不仅为其提供了绝佳的庇护，还有小小的无脊椎动物作为食物。幼虫们生活在植物中、绿荫下和石缝中。幼虫的头部有着长长的坚硬锯齿状钩爪。

十分明显的雄性抱握器。

和长长的牙齿相比，蝶角蛉幼虫的腿非常短。

离破茧而出，只一步之遥，跨过去吧！

在枝头休息。

在荫凉下，蝶角蛉收起翅膀藏匿于植物中，一动不动，非常隐蔽。

这边的露台有点拥挤！好的栖息地只和好朋友分享，就像小蘑菇总是跟自己的小伙伴们挤在小角落一样。

变态

在幼虫末期，幼虫开始吐丝成茧，成虫将在二十多天后破茧而出。蝶角蛉与蝴蝶、蜻蜓及许多其他昆虫一样，羽化后的成虫将在破茧后攀附在枝头上。观察它们要保持5米以上的安全距离，否则会把它们吓跑。

相关表达

“蝶角蛉，请允许我在你身边飞舞，以蜻蜓之势，以蝴蝶之姿。”这句话的作者是谁仍不得而知，但是我希望有朝一日能被人发现。

“冰雪皇后和蝶角蛉奇妙仙子[1]可以来参加我的生日宴会吗？”在杜波女士的幼儿园大班上，五岁半的蕾娅问。

保护物种

在阿尔萨斯、法兰西岛、中央大区、洛林和普瓦图-夏朗德五个大区，蝶角蛉是保护物种。

生存威胁

蝶角蛉和许多昆虫一样，栖息地因人类活动遭受破坏。它们完全靠捕食昆虫和幼虫而活，而无论是猎手还是猎物，都惨遭杀虫剂的毒手。

① 译者注：《冰雪皇后》和《奇妙仙子》均为经典迪士尼动画片。此处为谐音双关，法语中“冰雪皇后”的读音与“皇后扫雪”相同，暗喻这是不可能发生的事情。

这不是一颗心，也并非蜻蜓的“交配轮”，而是蝶角蛉在展示其交配时必不可少的柔韧度。
♀
♂
♀ ♂
安能辨我是雌雄？
蝶角蛉休息时收起了翅膀，完美地避免了性别歧视。
♀
它们通常在地面或者植物上交配。
♀
♂
♀
蝶角蛉妈妈在草的两侧产卵，虫卵对称排列分布，和瑞士钟表匠一般严谨精确。卵孵化成虫后，幼虫开始觅食。
#哇！
#欢迎新一代小生命！

飞行期

蝶角蛉成熟期只有几周。成虫主要在6月飞行（在法国南部为4月和5月，山区为7月）。

栖息地

在法国，大多数蝶角蛉生活在南方，时而定期出没于我家所处的香槟 - 阿登地区以及隔壁的上马恩省。在欧洲的其他地区，如西班牙北部、德国南部、意大利北部和西西里岛上可以发现它们的踪迹。如今，随着气候变暖，未来蝶角蛉的足迹或许将抵达英国海岸。

在一些栖息地，若有草本植被，环境开阔，土壤极度干燥或极度湿润，蝶角蛉生存的海拔可达1500～2000米（1967年，在海拔2800米的卡尼古山山顶附近，昆虫学家C. 普瑟圭尔曾发现蝶角蛉）。

“松鼠总是摇摆着大尾巴，雄赳赳，气昂昂！但是小松鼠，你这炫耀的地方不太合适吧？”

——儒勒·列那尔

欧亚红松鼠

高傲的森林之王

Sciurus vulgaris（Linnæus, 1758）

#拯救小动物！
#非常紧急！

拍摄法国最大的森林啮齿目动物绝非易事。松鼠本就小心谨慎又充满好奇，面对奇形怪状的摄影器材和配套工具，更是高度警惕，更别提那些在森林中胡作非为的人了。松鼠历经千锤百炼，形成这样的性格也在情理之中。让我们在树林中漫步，用一点小诱饵，引出今天的主角吧！

树林独行侠，居无定所的淘气包

啮齿目动物分布于森林，生活在树上或者地面，喜欢栖息于针叶林和阔叶混交林中，在阔叶林中分布较少。松鼠群体对全年的食物供给极其敏感。如果它们的栖息地附近有公园或者花园，它们一定会定期去觅食，甚至直接定居繁衍。虽然松鼠是独居动物，然而雌雄松鼠之间仍存在等级差异。雄鼠和雌鼠都各自划分了领地，可能会出现小范围的重叠，但是雌鼠的领地更分散。松鼠用分泌物来标记领地，到了交配的季节（冬季至初夏），雌鼠通过标记，引诱雄鼠前来赴会……

不躲在地下，常栖息于高处

松鼠身体矫健，四处飞跃。松鼠用轻盈的爪子、手指和四肢灵活地在树林里到处奔跑，在树枝间上蹿下跳。宛如不慎掉进伊薇特·霍纳[①]红色染发剂桶的蜘蛛侠。灵活的红松鼠就像一个活力四射的杂技演员，长长的尾巴高高翘起，在必要的时候用于保持平衡。

松鼠栖息在树上，和许多鸟类比邻而居。

普通䴓（shī）

松鼠有锋利的爪子和强劲的四肢，是攀岩的行家。

#生活不是很美好吗？

① 译者注：伊薇特·霍纳，法国著名手风琴演奏家，鲜艳的红棕色头发是她的标志性造型。

松鼠生活范围下至地表，上至树顶的半空营巢而居，但也可以说它们居无定所，因为每只松鼠常常在领地中搭好几个巢。松鼠巢一般离地面 5 ～ 15 米不等，开口向下。由树枝、草、青苔做成的牢固巢穴，将迎来一只雌鼠和一窝松鼠宝宝。

荤素搭配，饱尝美味

我们的小松鼠是杂食动物，秋季和冬季是它们的主要进食季节，它们吃水果、坚果（如针叶树的松球、栗子、橡子、山毛榉果、榛子、核桃等）以及果皮。另外，松鼠还酷爱吃蘑菇，它四处排便也非常有利于蘑菇的大范围播种。春季和夏季，松鼠的食谱比较丰富，有花、浆果、花芽、水果、各种小虫子，有时还有雏鸟和鸟蛋。作为一名敬业的护林员，松鼠无意间种了很多树，因为它们常常忘记自己储藏的种子，最后这些种子在土里生根发芽了。

食物储备员

法国储蓄银行的松鼠标志的由来，和松鼠的习性密切相关。在长达 150 年的时间里，每一家银行均可选择自己的标志：蜂巢、蚂蚁、凄苦的蝉等。直到 1942 年，银行决定采用统一的标志，设计一个独特的 Logo。为此，银行进行了标志征集比赛，一名叫威廉·贝特的人用《迪迪和拉斯加索》的寓言故事赢得了比赛。

松鼠迪迪和一名监狱囚犯是朋友。一天，囚犯和狱友们饥肠辘辘，准备找到松鼠后吃掉它。他们将松鼠居住的树干挖开，霎时，榛子、饼干、杏仁倾泻而出，全都是松鼠背着囚犯们偷偷储藏的干粮。囚犯们靠这些食物又度过了一个星期。松鼠储藏食物的习性救了自己一命。这是一个奇特的寓言故事，故事中的一只松鼠身兼储蓄大户、偷盗惯犯以及囚犯之友三重身份，在无意中救了一群濒临饿死的囚犯。由此，红松鼠成为法国储蓄银行的标志，见证了法国最受欢迎的储蓄产品 Livret A 的诞生。

梦寐以求！

紫榛子的果实可是高档货！松鼠垂涎已久。

20世纪70年代，灰松鼠被引入英国，因繁殖力极强，对当地的红松鼠的生存造成极大的威胁。

当然，我们还认识一些大名鼎鼎的、更加善良的松鼠：1939 年出版的比利时漫画《斯皮鲁和方大炯》中，主角斯皮鲁有一只松鼠奇兵小皮作伴；海绵宝宝的好朋友松鼠珊迪身兼科学家、探险家和发明家；电影《冰河世纪》中的松鼠斯克莱特，是个为了追逐坚果而出生入死的愚蠢偏执狂；还有迪士尼动画中，可爱的花栗鼠兄弟奇奇和蒂蒂……总之，松鼠是动画界的大红人！

雌雄同形

雌雄松鼠个头相似（身躯和尾巴各长 20 厘米左右），雌雄难辨。成年的松鼠体重相差不大，均为 300 ～ 400 克，怀孕的松鼠妈妈会更重一些。它们的耳朵上竖着约 3 厘米的长毛，冬季的时候，这些毛会更长一些。随着季节的更替，松鼠的毛发也会改变，毛色中的灰色和栗色不断变化，松鼠从红棕色变成黑红色。在海拔高的地区，松鼠的颜色往往较深。松鼠每年经历两次换毛期，分别在春秋两季。松鼠一直都在活蹦乱跳，当然，睡觉的时候除外！

调皮松鼠的“充电”时间

松鼠白天活动，在早晨和傍晚非常活跃，其余时间都在树枝上或者巢里打盹。松鼠的日程非常充实，包括觅食、筑巢、保养巢穴和储存过冬食物，到了春天，还忙于寻找配偶和繁殖。在天寒地冻、倾盆大雨、狂风席卷的冬日里，松鼠会减少活动，在树林和地上觅食，在必要时去寻觅早已藏好的食物充饥。通常来讲，食物越多，松鼠的日子就越轻松快活——从中你悟出什么道理了吗？

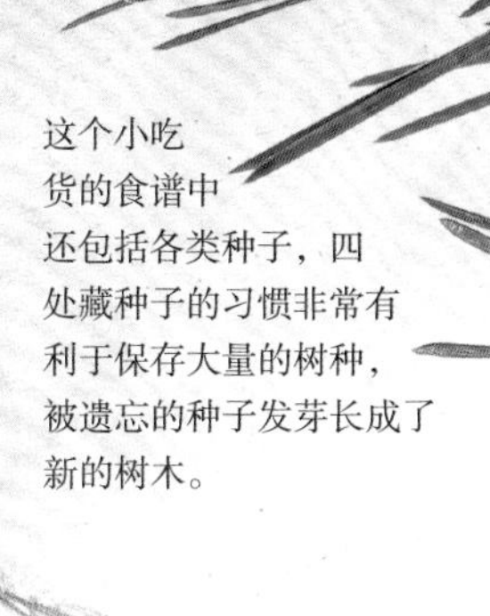

这个小吃货的食谱中还包括各类种子，四处藏种子的习惯非常有利于保存大量的树种，被遗忘的种子发芽长成了新的树木。

是雄是雌？神秘莫测！

是真爱吗?

一年中，只有在繁殖期，雄松鼠和雌松鼠才交配一两次。其余时间，各自寻找自己的快乐生活……在松鼠妈妈怀胎40多天后，松鼠宝宝出生了。刚开始，小松鼠看不见也听不见，全身光秃秃的，靠母乳喂养。一个月后，它们睁开眼睛，开始自己进食，从第40天开始外出。在6个月大时，松鼠宝宝的死亡率非常高，存活下来的小松鼠寿命为3～5年，若命运之神眷顾，甚至可以长到7岁。1岁左右时，松鼠就已性成熟。

生存威胁和天敌

松鼠是森林砍伐和交通道路修建的受害者。由于栖息地变得支离破碎，可觅食地区减少，不知不觉间，松鼠的活动范围被迫扩大了。松鼠有时也会垂涎人们为鸟准备的鸟食盆里的食物。30年起，松鼠作为保护动物，数量依旧非常少，极个别的种类除外。如今，松鼠群体的现状和发展情况仍然非常糟糕。松鼠的天敌有貂、猛禽（如鹰），还有宠物猫狗等。

松鼠动作敏捷，好奇心极强，在外活动时非常活跃。

文字游戏

在下列引文中暗藏玄机，找到你认为多余的或者修改过的字：

来自佚名作者（我在努力寻找出处）：“当夜晚降临森林，猴子指月，愚人踉跄着看向空中。”

另一句来自同样名不见经传的作者塞尔吉·泽类（Serge Zeller）：“开车时，为了躲避松鼠[1]，请相信你的导航。”

带着一只红松鼠救生员，出门才安心！
哦不！！！最后一卷厕纸……②
MARCELLO

#谨慎是安全之母。
#旅行使人年轻。

① 译者注：法语中，松鼠“écureuil”和陷阱“écueil”字母拼写非常相近。

② 译者注：此处暗喻法国笑话：一只熊和一只兔子一起上厕所。熊问：“你介意身上沾上粪便吗？”兔子答：“不介意，怎么了？”于是，熊抓住兔子的耳朵，把屁股擦干净了。

“玫瑰的艳丽从未让小鸟心动半分，只有上面的小虫子让小鸟垂涎三尺。”

——儒勒·列那尔

蓝山雀

报冬使者

Cyanistes caeruleus（Linnæus, 1758）

#拯救小动物！

#非常紧急！

当蓝山雀展翅飞翔时，这个小毛球十分赏心悦目。

每年仿佛施了魔法一般，灰鹤在我的家乡飞过时，山雀就会来到我的花园中。现在是 10 月 20 日，今年的第一批蓝山雀已经到达。它们谨慎小心、非常勤劳，一丝不苟地把所有树枝翻个遍，急着赶在树木变得光秃秃之前抓住几只可怜的虫子。

丰富多变的食谱

蓝山雀是肉食动物，气候宜人的时候，它们和大多数鸟类一样捕食各个生长阶段的幼虫和小型无脊椎动物，比如蜘蛛。因此，蓝山雀对杀虫剂十分敏感，对气候变化也非常敏锐。冬天，蓝山雀吃各类谷物、无脊椎动物和干果，以及花园中鸟食盆里的食物。作为树枝上的杂技高手，蓝山雀可以用任何姿势大快朵颐，尤其是捕捉隐蔽的小毛毛虫的时候。

它们飞檐走壁，体态轻盈，在最细小的枝头都可以站稳脚跟。丛林杂技无时无刻不在上演。

分布

蓝山雀遍布于法国本土，包括科西嘉岛，是典型的欧洲物种。在北欧的芬诺斯干地亚地区[①]本来没有它们的踪影，或许是由于全球变暖的原因，蓝山雀逐渐在此繁殖生长。它们喜栖于阔叶林，因为那里藏着它们最爱的食物——幼虫和毛毛虫。得益于它们的食性，蓝山雀还是园丁的得力助手，园丁十分欢迎蓝山雀来到花园中辛勤服务并获得回报。在小亚细亚半岛、伊朗和高加索地区也能发现蓝山雀的身影。

在北非和加那利群岛上，蓝山雀有着一个非洲亚种：非洲蓝山雀。

---

① 译者注：位于北欧地区，由芬兰、斯堪的纳维亚半岛、卡累利阿共和国和克拉半岛组成。

太热了！

气候变化的影响波及所有的物种，动植物只能适应、迁徙，在某些地区甚至绝迹。气候变化的影响往往引起连锁反应，例如，在山雀雏鸟的哺育时期，如果温度升高导致幼虫出现的时节比以往更早，那么，捕食幼虫的竞争就会进一步加剧。而恶劣的气候条件也会导致许多雏鸟无法成功起飞。

这只谨慎的蓝山雀要先确保万无一失，没有危险，才飞身扑向我投放的葵花籽。
♂
鲜艳的海蓝色
无边圆帽
4～10毫米宽的
蓝黑色脖领
♂
2～7毫米宽的
深灰色脖领
淡蓝色无边
圆帽
不干活儿
就别吃饭！
#暴力不是万能的。
马塞洛（绘）

隐姓埋名，幸福安定

作为穴居的鸟类，蓝山雀可以在任何一个大小合适的洞里筑巢，设计小小的洞口以防止鸟巢被侵占，或防止神出鬼没的天敌，比如对雏鸟垂涎三尺的松鼠和啄木鸟。蓝山雀也可能在一棵空心树洞里安家，当然，任何一个自然或人造的洞穴都可以满足其需求。借助其灵敏的嗅觉，蓝山雀精心挑选有助于健康的苔藓和植物筑巢，以抵抗细菌和寄生虫。每年的 4 ～ 7 月为繁殖期：约 6 ～ 12 个鸟蛋经过两周的孵化后，雏鸟破壳而出；雏鸟须喂食约 3 周；一般 4 周后，小鸟便能完全自由行动了。

极少的蓝山雀会尝试第二次产蛋（比例小于 10% 的蓝山雀夫妇）。在产蛋期以外的时间，蓝山雀也会蜗居在老巢御寒，以求安然无恙地度过寒冬。

同色相“吸”

蓝山雀根据颜色的深浅来选择另一半。鲜艳的蓝山雀雌鸟和雄鸟总是本能地结合在一起，同样地，浅色的鸟也会互相吸引。即使我们观察到小部分的“出轨”现象，大部分的蓝山雀均实行一夫一妻制。我们还可以通过颜色辨认出年轻的鸟。雏鸟的颜色往往不太鲜艳，甚至有些暗淡，冠是灰色的。

生物特征

蓝山雀身长约 10.5～12 厘米，翼展 12～14 厘米，体重 9～12 克。其寿命可长达 10 年，平均寿命约为 2～3 年。冬天，蓝山雀不得不与体形比自己大的大山雀分享食物。即使蓝山雀体形娇小，看起来人畜无害，然而鸟不可貌相！蓝山雀的领地意识非常强烈，特别是在繁殖期，它们会把自己地盘中的其他鸟类悉数赶走，显得争强好胜。有时，我们甚至会观察到“凶神恶煞”般的蓝山雀。

栖息地

蓝山雀栖息在阔叶林中，偏爱橡树。在小灌木丛、树篱、公园、果园和花园等地方，也有它们的身影……

FRANCE 0,80 € La Mésange bleue

蓝山雀外形美丽，亲近人类，名声很好，法国邮政都为它们发行邮票。

♀

小贴士

每年，家猫都会出于本能杀死很多的鸟和小动物。请勿随意放置鸟食盆和鸟窝……也请看好你的宠物。

鸟类的食性多样且复杂，但并非饥不择食，比如它们不喝牛奶。可以放一杯定期更换的水，并且注意喂食的地方要避开小鸟的天敌，否则你想要保护的小鸟将变成其他动物的美味佳肴。

生存威胁

靠捕食大量的昆虫和幼虫生存的蓝山雀，目前正遭受着杀虫剂的直接或间接的侵害。蓝山雀对生存环境非常敏感，不过在除法国以外的欧洲，其数量在不断增长。蓝山雀已被列入法国全境保护物种。

细雨朦胧，小鸟栖息于水塘边酌饮。
枯木，青苔，山雀。
斜风细雨，水天一色。
有万千种理由，让雨季变得可爱迷人。

“鼠弟弟和鼠妹妹已经坐在木筏前头了。看呀！蜻蜓的眼睛就像珍珠玉石般闪闪发光！红蜻蜓太漂亮了！鼠弟弟看得出了神，这时，姐姐大喊：危险！皮尔洛，船要翻了！”

——岩村和朗，《14只老鼠和蜻蜓池塘》

我家乡的蜻蜓目昆虫

每种蜻蜓都很独特，但有些更加特别

Odonata (Fabricius, 1793)

#拯救小昆虫！ #非常紧急！

雌性闪蓝色蟌的翅膀。

蜻蜓目被分为两个亚目：均翅亚目[①]，俗称“豆娘”；以及差翅亚目，俗称“蜻蜓”。即使大自然中确实存在和蜻蜓相像的昆虫，这并不意味着豆娘和它们一样是“假蜻蜓”。豆娘类似于小型蜻蜓，但和蜻蜓仍有区别。蜻蜓的稚虫期在水中，可长达数年，然而能够飞行的成虫期可能只有几个月。在这两个阶段，蜻蜓的身体结构使其成为优秀的捕食者。

豆娘

均翅亚目的学名为 zygoptera，其中 zygo 的意思是“双”，ptera 的意思是“翅膀”，即两对相同的翅膀。和蜻蜓相比，豆娘更加纤弱，双眼位于头的两侧，间距离较大，飞行速度慢且动作轻柔。停栖时，豆娘会将翅膀合拢直立于背上（丝蟌科除外）。豆娘体长 30 ～ 50 毫米。豆娘将卵产于水边植物的茎叶中。

蜻蜓的一日三餐靠捕食昆虫解决

色蟌科

色蟌科体色为金属光泽，雄性的翅膀颜色较深，雌性的翅膀有或深或浅的翅痣且完全透明（粉尾色蟌除外），没有翅痣。色蟌常出没于流动水域，无论是小溪还是大河，都能看到它们的身影。在交配季节，雄性色蟌通过精彩的空中炫技吸引雌性色蟌（见 150 页）。

闪蓝色蟌。

丝蟌科

丝蟌科翅膀透明，身体具有金属光泽（黄丝蟌属除外）。丝蟌偏爱充满阳光的水域，如池塘和静止的水坑，有些种类甚至出没于转瞬即逝的小水洼。一些翅痣较大的丝蟌还喜欢咸水沼泽。雄丝蟌非常好色、鲁莽，有时甚至会不小心抓住另一只雄性。丝蟌一般产卵于水面和水畔的植物，以及一些漂浮的枯枝败叶上。停栖时，丝蟌会将翅膀平展在身体的两侧，黄丝蟌除外。另外，黄丝蟌也是唯一在成虫时期冬眠的蜻蜓目昆虫。

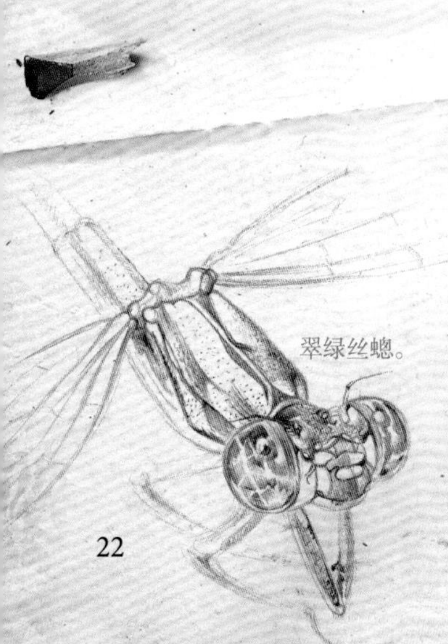

翠绿丝蟌。

闪蓝色蟌的幼虫。

---

① 译者注：均翅亚目一般称为“蟌”，俗称“豆娘”。

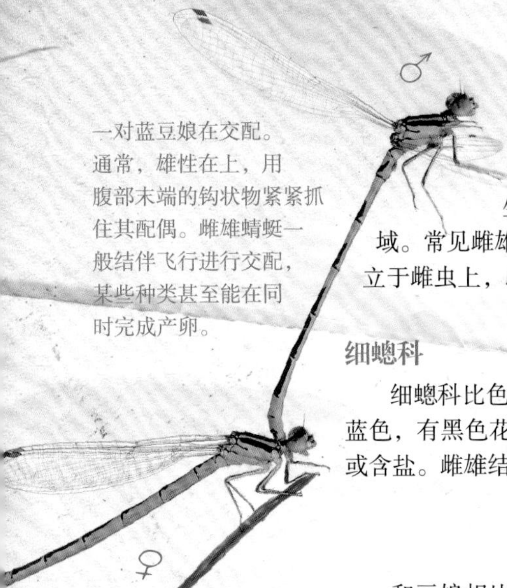

扇蟌科

此科的中足及后足胫节扩张如扇状，因此得名。成虫生活在海拔较低的流动水域或静止水域。常见雌雄结伴飞行繁殖，雄虫以垂直起飞的姿势立于雌虫上，雌虫在水域中的植被产卵。

一对蓝豆娘在交配。通常，雄性在上，用腹部末端的钩状物紧紧抓住其配偶。雌雄蜻蜓一般结伴飞行进行交配，某些种类甚至能在同时完成产卵。

蓝色叶足扇蟌。

细蟌科

细蟌科比色蟌科和丝蟌科更细小，金属光泽较弱，雄性通常身体为蓝色，有黑色花纹。它们聚集在有流水或积水的湿地，有时水质呈酸性或含盐。雌雄结伴飞行，交配产卵，卵产在水下或水面的植被中。

蜻蜓

和豆娘相比，蜻蜓体形较粗壮，数目更多，飞行姿态势如破竹，颇有直升机的架势。蜻蜓有两对水平展开的翅膀，且大小不一。差翅亚目的学名为 Anisoptera ，源于希腊语，anisos 意思是“不平均的”，ptera 意思是“翅膀”，在法国本土，差翅亚目共有 6 科。

晏蜓科

晏蜓科体形较大，身长可超 80 毫米，双眼连接在一起。晏蜓科每天的作息很规律：跟巴黎人的坐地铁、工作、睡觉一样，更确切地说，就是狩猎，狩猎！和大多数蜻蜓一样，雄性晏蜓科的领地意识很强。比如晏蜓科下的伟蜓属，雄蜻蜓总是不停地在地盘上空巡视飞行。晏蜓科常常悬停，这让摄影师得以抓拍美丽的照片。除了一些特有种类，雌蜻蜓一般独自产卵。晏蜓科强悍而杰出的飞行能力使其可以远离水域捕食，有时甚至飞出 10 公里之外。因此，在花园和田野中有时也会发现晏蜓科的踪影。

棕晏蜓。雌蜻蜓独自产卵于水底。

长叶异痣蟌围成的心形交配环。蜻蜓的构造决定了它们必须身体柔软灵活，因为雌雄蜻蜓的生殖器官分别在不同的体节，为了交配，它们必须使出浑身解数……

过腹部末端的
十尾鳃可辨认出
娘稚虫。

春蜓科

春蜓科蜻蜓体形中等，身长约 50 毫米。两眼完全分开是其显著特征。体色主要有黄色、绿色和黑色。虽然春蜓科极少离开它们所在的水域，然而在旷野、田边和草原上也时常能发现正在狩猎的它们。有时，雄蜻蜓会出现在河岸上，或停栖于小树枝上，等待着雌蜻蜓的到来。在交配后，雌蜻蜓在水面上独自飞行，用腹部的末端接触水面，产下一个或数个卵。

大蜓科

在法国本土，大蜓科蜻蜓只有两种。常见于流动水域，如沙底小溪、河流和水源处，它们极少离开水域。大蜓科的体形较大，身长可达 80 毫米。体呈黑色，具有黄色条纹，绿色双眼相连于一点。产卵时，雌蜻蜓悬停半空，身体垂直于水面，把产卵管插入水底的沙子持续产卵。

豹纹钩尾春蜓的雌雄非常容易辨别，因为雄性拥有巨大的抱握器。春蜓科区别于其他科的显著特征是间隔甚远的双眼。

大蜻科

大蜻科和大蜓科十分相像。在法国，大蜻科只有圆大蜻这一种，它们的眼睛为美丽的翠绿色，双眼几乎相连于一点。大蜻科常见于大河的平静区域，以及小溪的深水区域。大蜻科可以远离水域飞行，在林中空地和避风的树林边上捕食。

♂

♂

雄性金环蜻蜓。大蜓科在法国非常少见。

伪蜻科

伪蜻科体形中等，身长约 50～60 毫米，很难被观察到。体色绝大多数为金属绿色，黄黑褐色相间的虎斑毛伪蜻除外。常出没于池塘、沼泽、泥沼、支流、采石场水洼、水沟等静水区，甚至在渔业区出现。伪蜻科也有些种类分布于小溪和大河的平静区域。

蜻蜓稚虫体形较为粗壮，但它们和豆娘稚虫一样，下颌都有面罩状的口器，捕食时能迅速伸展，牢牢捕获猎物。

♀

♂

蜻科，雄性青伪蜻。
♂
基斑蜻是蜻科大家庭中漂亮而常见的一种蜻蜓。
宽而扁的腹部。
第3~9节的背甲一侧有黄色斑点。
♀
♂
♀

蜻科

蜻科是一个包含种类数量庞大的科，体形从小形到中形不等，身长约 33 ～ 50 毫米，体色多样，有红色、蓝色、棕色、黄色……此科中的一些蜻蜓很前卫，如基斑蜻，当其领地被其他物种占领时，它们会定期去“开辟新大陆”（见 78 页）。

蜻科对栖息地各有所好，有的种类喜欢静水，有的偏爱流水。产卵时，雌蜻蜓独自飞行，在水中和岸边产卵；若有情敌对雌蜻蜓虎视眈眈，雄蜻蜓会保护雌蜻蜓，结伴或连体飞行。有些蜻科会进行迁徙，可以飞出很远的距离，最远可迁徙至一千公里以外。

纪录

体形差距！蜻蜓界的侏儒，或者说是异痣蟌属的侏儒——波瘦蟌，身长最长的仅 30 毫米；而帝王伟蜓（见 118 页）的身长可达 84 毫米。

最高速度！关于蜻蜓的最高飞行速度，有许多的谣言和传说。豆娘的稳定飞行速度约为每小时 5 ～ 6 公里。而蜻蜓每小时可飞驰 30 ～ 50 公里，而且，在加速和转弯时，其加速度达好几个 g！

世界最大！巨豆娘的雄豆娘身长接近 20 厘米，俗称“直升机豆娘”，生活在中美洲和南美洲的热带雨林。如果你人在巴拿马，可能有机会见其真容！

生存威胁

蜻蜓非常依赖水和水质。目前，因为人类活动和湿地干旱，蜻蜓的栖息地在不断减少。蜻蜓是肉食类昆虫，靠捕食昆虫和幼虫生存，而杀虫剂的使用也减少了它的食物。目前，许多蜻蜓种类已被列入世界自然保护联盟濒危物种红色名录，受区域级或国家级的保护。

圆形或心形交配环。大多数昆虫在交配时都在地面或者植被中，而有些昆虫只在空中交配，尤其是蜻科蜻蜓。

“植物学这门技艺，就是把植物夹在吸墨纸中制作成干标本，再用希腊语和拉丁语给它们起一些难以理解的绰号。”

——阿尔逢斯·卡尔

紫花洋地黄
可以把手指伸进去的植物！

Digitalis purpurea (Linnæus, 1753)

#拯救植物！ #非常紧急！

这种植物的拉丁属名为 *digitalis*，在拉丁语中意为“手指”，因为我们可以把手指伸进其花冠中。这真是太疯狂了，按照这个规则，我觉得有很多东西都可以这样命名，比如我的鼻子……言归正传，英文中常用 foxgloves（狐狸手套）指代该属植物，可能是因为英国的狐狸和法国人一样，喜欢用手指到处抠。德国人精通劳作，因此用顶针[①]命名这种植物：*fingerhut*（请带着德语口音念这个词！）好了，让我们马上来探索这个可以将手指伸入其中、却又有毒的神奇植物吧！关于紫花洋地黄，你了解多少？

生长两次

不，我不是说那些在两冲程摩托车上的疯狂年轻人，实际上，我想说的是，紫花洋地黄是两年生植物，就是说需要两年才能完成其生命周期。第一年先长营养器官：根、茎和叶。如果营养器官熬过了冬天的霜雪，那么它们将在第二年里长出花束。洋地黄可以长到两米高，连我都要抬头仰视它们！

---

① 译者注：欧洲的顶针是裁缝戴于某个手指，用来保护手指免遭针刺伤的壳状物，外形和紫花洋地黄的花形非常相似。

花朵

洋地黄从花葶底部自下而上沿着花序开放。当新的花朵绽放时，最老的花朵枯萎，花冠坠落，露出雌蕊和子房。这种花期让我们得以在一个花葶中观察到一朵花的所有形态，从花芽到释放种子的蒴果。

“停机坪”

花冠前部的唇瓣用于吸引昆虫前来授粉，是昆虫着陆的“停机坪”，花瓣表面的深色斑点（花青素聚集形成）用以引导传粉昆虫爬向花冠深处。这些斑点模仿含有花粉的花药，吸引昆虫前来取食花蜜。虫媒植物是由昆虫传播花粉以繁殖后代的植物，因此它们需要争夺虫媒。聪明的虫媒精于计算“收”（采到的花蜜）“支”（付出的精力），因此，自然会偏爱引导服务做得好的花，以轻松得到花蜜或花粉。

气温刚开始升高，熊蜂就在花蜜的引诱下，在植物蜜腺向导的指引下活跃起来。

据统计，全球有约200种熊蜂。

吞服40克洋地黄新鲜叶子便可致人死亡。

在到访下一朵花前用脚整理吻管的熊蜂。

熊蜂的伎俩

花冠围绕着子房（雌蕊生殖器官）部分的特殊形状，需要虫媒的吻管至少能伸到7毫米深才能够采到花蜜。一些贪吃的熊蜂就拥有此特殊“工具”，得以享受花朵的甜蜜佳肴，并在移动过程中传粉。洋地黄是雄蕊先熟植物，花药（含有花粉的雄蕊生殖器官）的成熟先于柱头（接收花粉的雌蕊生殖器官），因此必须进行异花传粉。

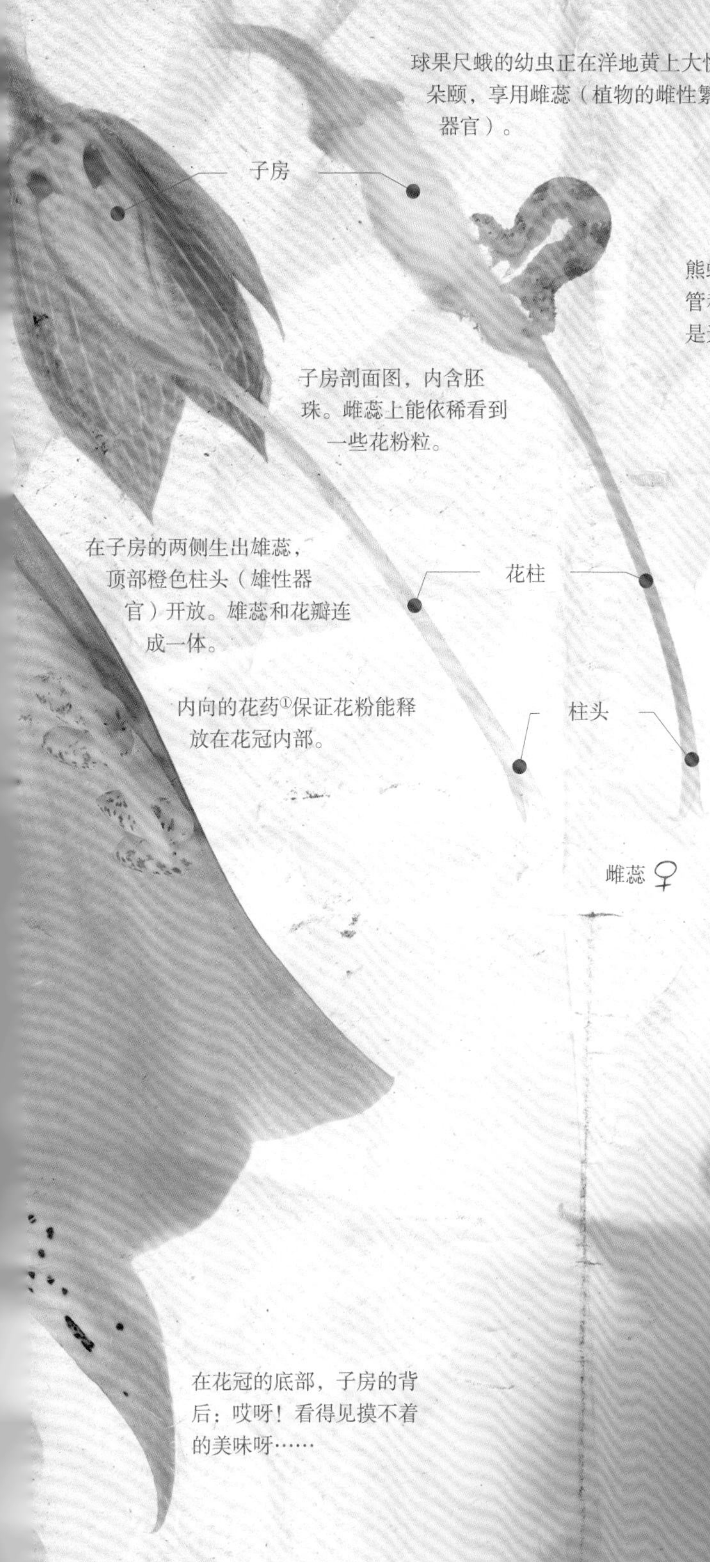

球果尺蛾的幼虫正在洋地黄上大快朵颐，享用雌蕊（植物的雌性繁殖器官）。

子房

熊蜂长长的吻管和洋地黄真是天作之合。

子房剖面图，内含胚珠。雌蕊上能依稀看到一些花粉粒。

到了全盛花期，熊蜂翩翩起舞，辛勤授粉，保证了物种的延续，真令我既好奇又陶醉。

在子房的两侧生出雄蕊，顶部橙色柱头（雄性器官）开放。雄蕊和花瓣连成一体。

花柱

很大一部分洋地黄植株被厚厚的绒毛覆盖，尤其是叶子部分。

内向的花药①保证花粉能释放在花冠内部。

柱头

雌蕊 ♀

在花冠的底部，子房的背后：哎呀！看得见摸不着的美味呀……

①译者注：内向花药，花药以药面朝向雌蕊；外向花药，花药以药面朝向花瓣。

毛茸茸！

花冠前端唇瓣内侧、花葶和构成花萼的萼片被绒毛覆盖，叶子和茎也是如此。一般来说，这些绒毛对食草昆虫有驱赶作用，能阻挡它们的上颚。

药性和毒性

和所有的植物一样，紫花洋地黄会产生化合物。然而，它们有剧毒！洋地黄含有强心苷类化合物（洋地黄甙），可以用于治疗心脏和肾脏疾病。然而仅微量的洋地黄甙对人类都是致命的。

在雄蕊上饱尝美味的鞘翅目昆虫，可能是一只露尾甲。

还未成熟的花药（含有花粉的雄性器官）。

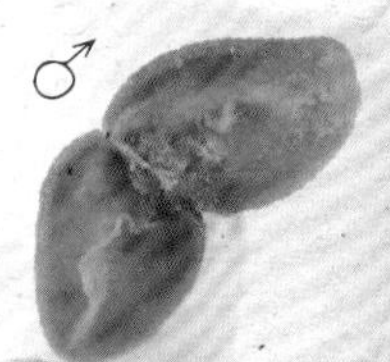

成熟的花药在释放花粉。

植物学研究有一个基本原则：禁止随意进食、随意触碰不认识的植物。有些植物会引起灼伤、腹泻、呕吐等症状。总之，遇到任何不确定的植物，唯一可以确定的是：不要碰！然而弗雷德里克反驳道：“不，必须去接触试试，这正是植物学的妙处所在！”话虽如此，在行动之前还是应该好好做做功课。

蓄势待发的种子，准备离开植物去远行。

成熟

紫花洋地黄的种子一旦成熟，将随风飘散，或被动物带着迁移，从而扩大分布区域。

生长地

树林中、树木下、半阴的林边、森林里的酸性土壤上。

生存威胁

作为虫媒植物，紫花洋地黄和传粉昆虫息息相关。但是由于不当的农业操作方式和生存环境压力，熊蜂已面临濒危。尽管如此，紫花洋地黄在适合其生存的地区仍然较为常见，如法国中央高原、布列塔尼大区、亚登省、孚日省等地区。

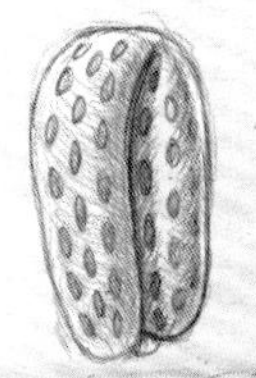

种子

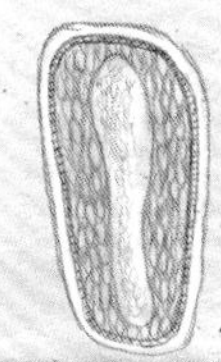

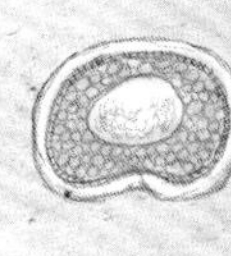

种子剖面图

在“紫色草原”上溜达的天牛。

“大自然是最好的医生：它能治愈四分之三的疾病，而且永远不会说同行的坏话。”

——路易·巴斯德

荠菜和红荠菜

Thlaspi bursa-pastoris（荠菜）（Linnæus, 1753）

Capsella bursa-pastoris rubella（红荠菜）（Medikus, 1792）

荠菜这种小植物，一年四季几乎都能在大自然中发现它们的身影，它们的样子平淡无奇，它们的脚步遍布世界各地。荠菜的亚种——红荠菜——却不那么常见，仅分布于地中海地区。但如果仔细观察你会发现红荠菜长相十分精巧，吃起来脆爽美味，而且非常上镜，这一点深得我心。总之，这又是一种美丽且实用的“杂草”！

多么有趣的名字

荠菜的法语名字指的是“钱包”，因为荠菜的果实长得像钱包，因此被命名为“牧羊人的钱包”。至于红荠菜名字的由来显然和其红色有关，就是这么简单，有时也不必想得太复杂。

荠菜，我的爱！

和许多其他开花植物不同的是，荠菜和红荠菜是雌雄同株且自花授粉的，因此几乎可以全年一直不停歇地开花。它们一年四季都是特写镜头下的美丽模特！即使可以自花授粉，它们仍然吸引着许多食草昆虫，这些虫媒的到来顺带保证了其他植物的物种延续。真是意外的收获！

美味佳肴

荠菜根部的嫩叶子可以拌沙拉，幼花、果实和种子可以当调料（其芥末味是十字花科的典型味道）。在中国和日本，荠菜叶子也可以烹饪食用。鲜嫩、纤维较少的荠菜根也是可食用的。同样，鸟类也很喜欢吃荠菜籽和红荠菜籽。

一根荠菜上可以看到它的不同生长阶段。

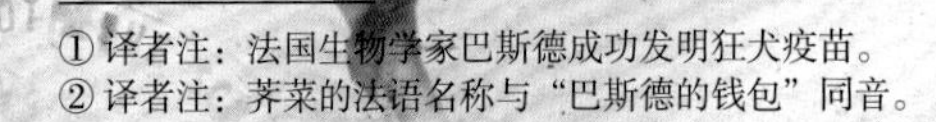

① 译者注：法国生物学家巴斯德成功发明狂犬疫苗。

② 译者注：荠菜的法语名称与“巴斯德的钱包”同音。

药用植物

荠菜含有胆碱、乙酰胆碱（神经传导物质）、组胺、酪胺及硫代葡萄糖苷，荠菜叶子中富含蛋白质、维生素和矿物盐。花葶含有收敛物质和止血物质。荠菜还含有其他有益物质，尤其是维生素C、钾、钙和类黄酮（以抗氧化作用而闻名的多酚）。

荠菜：我的花、根部的叶子和果实可以做成沙拉，我的种子可以当调料。

使用微波炉前应阅读说明书，说明书会告诉我们不能将微波炉用于烘干洗澡后的猫咪。同理，在不确定无毒无害前，绝不能吃任何植物。我带着一丝后怕在告诫你们，因为我刚想起来，我曾经毫无防备地近距离仔细拍摄过毒芹！

红荠菜的角果在成熟过程中的不同阶段。

红荠菜（*Capsella bursa-pastoris subsp. rubella*）的花有白色花瓣和红色萼片，约3毫米长。

子孙遍野

这两属植物都有一种惊人的能力，即在同一花枝上生长着花芽、花朵、果实和成熟的种子，从而提高了其生存能力。每年，荠菜和红荠菜可以繁衍好几代，可谓名副其实的先锋植物[1]，它们甚至会借助人类的活动，而且在哪里都能生长，贫瘠土地、路边、废墟和荒野，它们毫不挑剔。自花授粉对于后代的繁衍可是个绝招，因为仅需一株植物即可独立完成授粉。因此，荠菜和红荠菜遍布全球，尤其是荠菜，可谓是世界性植物，已成功占领所有大陆。

红荠菜的花朵和果实。

一起来找茬！

这两种植物十分相似，但我们可以从它们的三角形袋状果实——“角果”来分辨它们。红荠菜的角果边缘凹陷，而荠菜的角果边缘凸起。红荠菜一般高 5 ～ 30 厘米不等，花长 1.5 ～ 2 毫米，花期为 3 ～ 10 月，分布于海拔 0 ～ 1500 米的地方。而“世界性”的荠菜一般高 20 ～ 50 厘米不等，花长 3 ～ 5 毫米，花期为 3 ～ 12 月，生长在海拔 0 ～ 2500 米的地方。

① 译者注：先锋植物，指群落演替中最先出现的植物。先锋植物具有生长快、种子产量大、扩散能力较高等特点。

荠菜的种子。

两种荠菜的角果形状不一。左页为荠菜果实，右页为红荠菜果实。

18世纪以前，根据特征-功能理论，人们认为荠菜的心型果实熬成的药汤，可以治愈爱情的伤痛。

特征-功能理论或特征-功能原则是一种世界观，认为生物的形状表明其角色和功能。这个理论被广泛用于药用植物和治疗性植物。

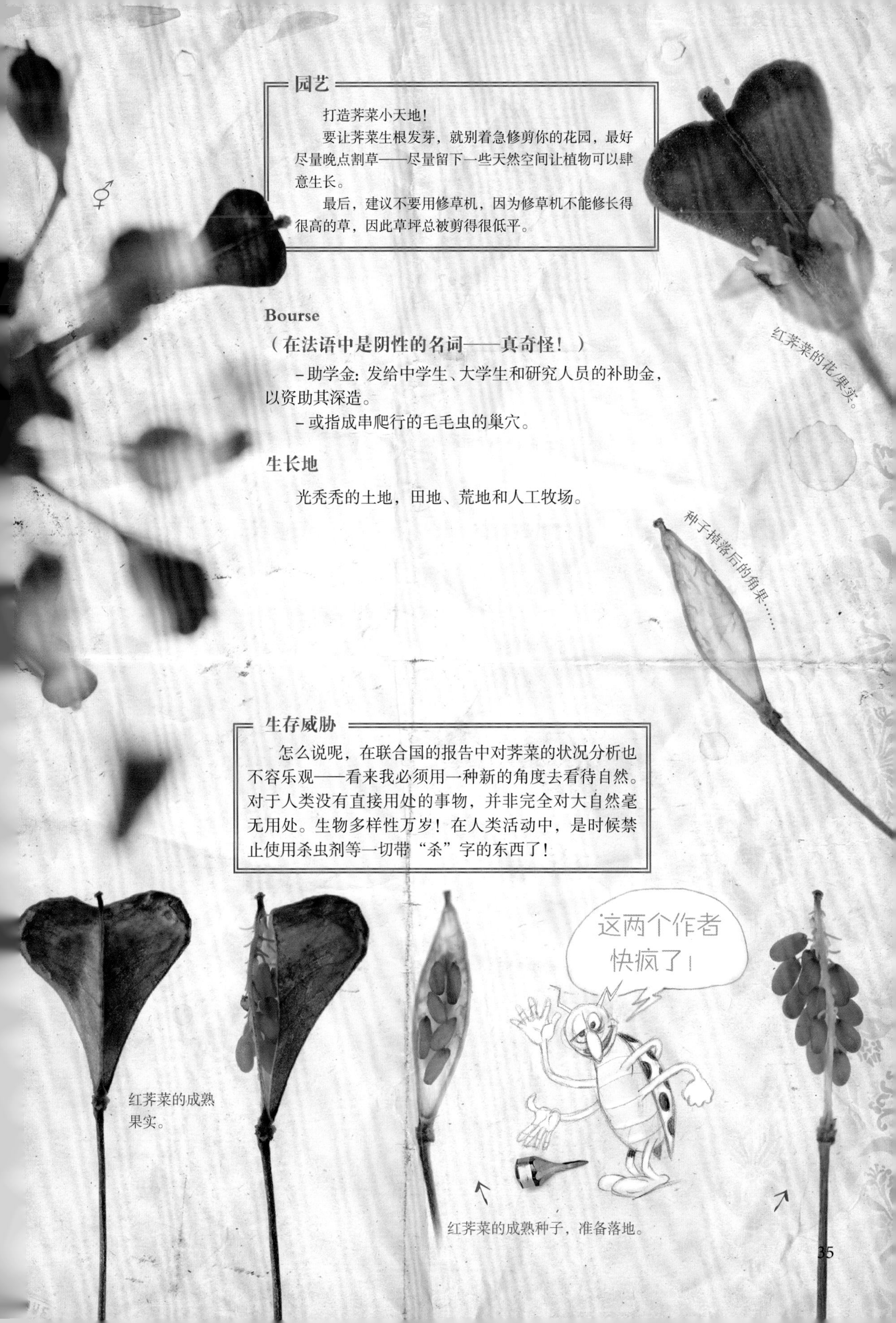

红荠菜的花/果实。
种子掉落后的角果……
这两个作者快疯了！

园艺

打造荠菜小天地！

要让荠菜生根发芽，就别着急修剪你的花园，最好尽量晚点割草——尽量留下一些天然空间让植物可以肆意生长。

最后，建议不要用修草机，因为修草机不能修长得很高的草，因此草坪总被剪得很低平。

Bourse

（在法语中是阴性的名词——真奇怪！）

- 助学金：发给中学生、大学生和研究人员的补助金，以资助其深造。
- 或指成串爬行的毛毛虫的巢穴。

生长地

光秃秃的土地，田地、荒地和人工牧场。

生存威胁

怎么说呢，在联合国的报告中对荠菜的状况分析也不容乐观——看来我必须用一种新的角度去看待自然。对于人类没有直接用处的事物，并非完全对大自然毫无用处。生物多样性万岁！在人类活动中，是时候禁止使用杀虫剂等一切带“杀”字的东西了！

红荠菜的成熟果实。

红荠菜的成熟种子，准备落地。

“昏黄的光晕，即可能是晨曦又可能是暮色。所谓宇宙仿佛是一只神奇的蛹，无时无刻不在颤动，既感受着毛毛虫的死去，又感受着蝴蝶的破茧。”

——维克多·雨果

蝴蝶与春天

Anthocharis cardamines（红襟粉蝶）(Linnæus, 1758)

Cardamine pratensis（草甸碎米荠）(L. 1753)

草甸碎米荠和它们带翅膀的伙伴真可谓形影不离，每到春天，它们便结伴出现。看着蝴蝶在盛开的花朵旁翩翩起舞，真是让人心花怒放。它们因花粉而联姻，生机勃勃地点缀着我们村庄的湿润草地：橙色、白色、淡紫色……春意盎然的村庄有鲜花蝴蝶，而没有凶残的战士，这着实令人庆幸①。总之，这是一个关于好客的宿主植物的故事……

植物

草甸碎米荠（*Cardamine pratensis*）是十字花科的一种生命力很强的植物，喜爱湿润的草地、沟渠、林边、树下草丛和绿树成荫的凉爽花园。大雪过后，万物复苏，草木间点缀着竞相绽放的草甸碎米荠，紫红色、淡紫色、白色，从4月到6月都有它们的美丽身影。

有味道的植物

碎米荠是粉蝶的宿主植物：首先当然是红襟粉蝶，还有暗脉粉蝶（*Pieris napi*）。从史前时期至今，无论是粗毛碎米荠还是草甸碎米荠，人类一直都在利用它们，尤其是其花朵和嫩叶。碎米荠富含香精，含有硫化物，拥有呛人的刺鼻气味，让人想起芥末和山葵的味道。

#拯救植物！ #非常紧急！

我的花和我的叶子可以做成沙拉和调味品。

草甸碎米荠是广适性的顽强植物，可食用。其结节状根茎较短，茎空心、圆形且无毛。叶子较少，形状不一，为异形叶。

♀ ♂

红襟粉蝶雌雄一目了然，雄蝶的前翅端有一半呈橙色，而低调优雅的雌蝶则没有这样的色彩。

---

① 译者注：“campagne”有“村庄”和“战场”两个意思，此处双关暗喻法国国歌《马赛曲》歌词：“你可曾听见战场上，英勇的战士们奋战的嘶喊声？”

草甸碎米荠是虫媒植物，即通过昆虫传播花粉以繁殖后代，同时也是异花授粉（一朵花的花粉被运送到同类植物上另一朵花的柱头），其花朵适应性强，能抗轻微的冰冻，有四片脉络精致的花瓣和六个雄蕊。雄蕊的花药中含有花粉，吸引着以花为生的昆虫。其茎空心且直立，约长 20 ～ 40 厘米。

方小虫出没！

草甸碎米荠深受牧草长沫蝉（*Philænus umarius*）若虫的喜爱，因为在植物上面常会发现它们的排泄物——蝉的“痰液”，者另一个更加诗意的名字——“春天的泡”。这还真挺有韵味！花期过后一个月，果实裂开，自动在植物四周播种（自传播①）。

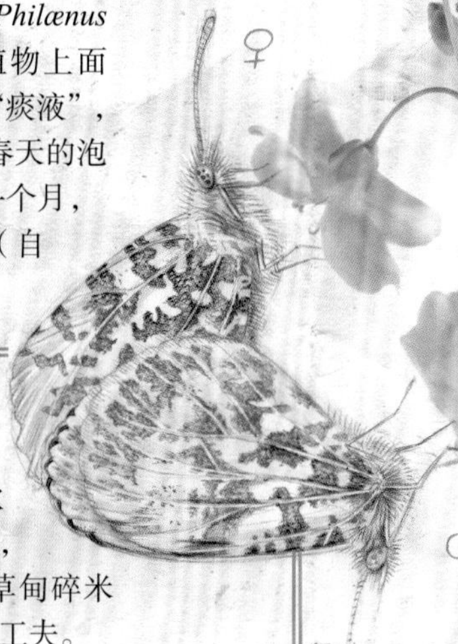

园艺

在花园中种点碎米荠

若你的花园足够潮湿阴凉，且你喜欢忙活园艺，在春天和秋天，你可以搭阳畦②播种。不过，最简单的方式还是在夏天扦插草甸碎米茾，效果非常好，还不用费多大工夫。

蝶

这种小粉蝶广布于欧洲，根据地域和海拔的不同，出现的月份3 月至 7 月不等。只要全神贯注地寻找，你就能发现它们的身。最简单的找到它们的方法是找它们的宿主植物——各种十字花植物！如糖芥、银扇草以及和跟它同名的碎米芥。蝴蝶不大，翼仅有 35 ～ 45 毫米，但我们也很容易通过其橙色斑点发现它们，别是雄性粉蝶。

♀
♂
啊！花蕾多么美味！

幸运的是，它们的交配时长到足以让我安心拍照，将两个生命创造新生命的结合瞬间永恒地记录下来。这是何等的诗情画意！红襟粉蝶是一化性昆虫，一年只能繁殖一代。

和大多数蝴蝶一样，在幼虫羽化前夕，可以通过蛹窥探到成虫未来的颜色和轮廓。因此红襟粉蝶的蛹很容易就能辨别雌雄——一旦看到了橙色，便知道这个卵将孵化出雄蝶。

译者注：自体传播，仅靠植物体本身传播种子，而不依赖其他的传播媒介。
译者注：苗床的一种，设在向阳的地方，四周用土培成框，北面或四周风障，夜间或气温低时，在框上盖席或盖塑料薄膜来保温。
译者注：《美食家》（法语“L'aile ou la cuisse”意为“翅膀还是大腿”），6 年的法国喜剧电影。

从哪里开始吃呢？翅膀还是大腿③！！？
必须将卵外壳吃掉……

交配过后，雌蝶在宿主植物的每一个花蕾下产一个卵。起初卵是绿色的，随后迅速变成橙色。根据气候条件的不同，幼虫将在4～12天后破卵而出。

幼虫
幼虫吃植物，而成虫为植物传粉，如此循环往复，造福双方。
卵
在法语中，红襟粉蝶的名字寓意“

爱情故事

雌雄蝴蝶交配持续 20 分钟（时间真长！），之后雌蝶通常独自把卵产在花蕾下方。根据温度的不同，在 4~12 天后，幼虫破卵而出，开始啃食卵的表皮。饱餐过后，还会不断觅食，宿主植物是它们的下一个猎物：先是花蕾，再是果实，弹尽粮绝时连叶子都吃。幼虫在 3~5 周内会经历 5 次蜕皮，接着进入蛹期。起初，蛹是绿色的，渐渐成为棕色，随后进入长达数月的冬眠，来年初春时它才会化蛹成蝶。

相亲相爱一家蝶！

普罗旺斯粉蝶 (*Anthocharis euphenoides*) 是粉蝶在法国南部的“表亲”，颜色更深些，可能是被南部充沛的阳光“晒黑了”，它们翅膀上的白色被淡黄色取代。淡纹端粉蝶（*Euchloe crameri*）的雌雄长相相同，且容易和雌性红襟粉蝶混淆，不过淡纹端粉蝶的翅膀更尖，两种蝴蝶的翅膀花纹也不尽相同。

幼虫连在其据点上
在蛹期前，幼虫会用自己编织的细丝线将自己固定在植物上。
黄色的幼虫很快变成肥胖多肉的绿色幼虫。

小小的橙色幼虫迅速变成拟态极佳的绿色幼虫。在这株植物上，几只不同阶段的幼虫共同生活。

暗脉粉蝶（*Pieris napi*）和红襟粉蝶一样，都钟爱碎米荠的美味。

谚语和奇思妙想

法国谚语：“在圣伊莎贝拉日[1]（2 月 22 日）这一天，如果晨曦[2]美不胜收，如果早晨阳光灿烂，庄稼会长得很好。”请注意其中的“如果”，总之别太迷信！

希腊谚语：“科学是思想的朝露，故学习应始于晨曦。”

法国谚语：“女人的建议仿佛晨曦的红霞，时好时坏，难以预测结果。”

生存威胁

由于湿润地区逐渐干旱，自然草场不断减少，肥料、除草剂和杀虫剂的过量使用，蝴蝶的宿主植物与日俱减。因此，红襟粉蝶和其他许多物种都面临着悲惨的命运——请确信，人类的所作所为必将翻天覆地，毁灭自然！

生长地

湿润草地、沼泽、干燥荒地、林边、林中空地、高山草地（海拔可达 2100 米）。

---

① 译者注：法国宗教节日，纪念伊莎贝拉王后。她是法国国王菲利普四世和他的妻子唯一幸存的女儿，也是英格兰国王爱德华二世之妻。伊莎贝拉在当时以美貌、外交技巧和智慧著称。

② 译者注：法语中，“红襟粉蝶（aurore）”字面意思为“晨曦”。

“所以到底什么是‘杂草’？就是人类还没发现其功效的植物吗？”

——拉尔夫·沃尔多·爱默生

哪里有什么杂草，无非取决于人类的喜好

#传奇 #除草剂广告在编故事 #我们被骗了

田旋花（*Convolvulus arvensis*），又叫小旋花，非常受双翅目昆虫的欢迎，缠绕在花园中常见的禾本科植物上。

常言道：“成见往往难以消除。”对于人与自然的关系，人们的成见更是无处不在：有些动物是“有害的”，有些植物是“无用的”。为什么？仅仅是因为它们出现的地方不合时宜，或者与人类的活动和生活方式发生了冲突和竞争。从生物多样性的角度出发，这些成见显然毫无逻辑可言！更何况，“杂草”的由来是解释性错误，最初“治病的草”被说成“病草”，最后成为“坏草”“杂草”，这是日积月累的误会……

*请注意：吸烟有害健康，白天黑天都有害……

植物的祖先们！

在30多亿年前，蓝菌（即蓝绿藻）以水生状态诞生于地球，开始“清除”大气中的主要成分——二氧化碳，并将其固定于钙质层状岩石（叠层石）中，随后通过早期的光合作用生产氧气。氧气最初储存于海洋中，直到约25亿年前，在蓝绿藻占领陆地后，大气中才开始出现大量的氧气。

随后，绿藻横空出世，为吸收营养“发明”了根系，为繁衍后代“发明”了孢子。约5亿年前，陆地植物开始出现。在此时期，植物们过着悠闲自得的生活：光合作用所需的二氧化碳十分充足，可用于产生葡萄糖；也没有草甘膦①和其他除草剂威胁它们的生存！

① 译者注：草甘膦是一种除草剂，对多年生根杂草非常有效。

琉璃繁缕（*Anagallis arvensis*）有毒。在顺势疗法中，被用于治疗皮肤病。名字带红色的琉璃繁缕①，其花朵居然是蓝色的——真叛逆！

生态系统

生态系统，指在某一地区（群落生境）的动物或植物之间建立的关系。在一个生态系统中，物种拥有缓慢的共同进化空间，以应对持续的生态压力，如竞争、捕食和环境变化等。一个物种可能在成千上万年的进化中消亡，比如经历变种，或在生存竞争中被其他更强的物种淘汰等。而如今，因为无穷无尽的人类活动，这些自然现象已经被彻底扰乱。

小草和其他植物们如今可安好？在我的家乡和许多其他地方，我亲眼看见遭受重创的生物多样性。在耕种的田野间、在被开发的森林和城镇区域中，人类活动以摧枯拉朽之势，轻而易举地毁坏着生物多样性。野草和昆虫们无处可去，只能在沥青马路、沟渠和耕地的缝隙中生存。而这些区域定期被清理修平，然后被种上千篇一律的植物，脆弱的物种被驱逐，甚至特有物种也无法幸免，动物们也因此受到威胁。人类削草除根，焚巢捣穴，动植物们早已走投无路。

夏枯草（*Prunella vulgaris*）小小的一朵花，真是神通广大：可祛风、抗炎、退热、灭菌、解痉、抗病毒，还有收敛功效。在它的“绿翅”之下，一只褐色蝴蝶正准备采蜜……

一切从花园开始

在一个相对野生的花园中，草坪并不仅仅是单调的黑麦草——那真是太无趣了！这里应该像一个植物大观园：三叶草、婆婆纳、繁缕、薹草、兰花、荠菜、野胡萝卜、车前草、荨麻、蒲公英、起绒草、小雏菊、千叶蓍、汉荭鱼腥草、野茴香、扁桃叶大戟、洋甘菊、熊葱、苔藓、蘑菇、金钱薄荷……这些植物均为生物多样性的重要组成部分，为无数昆虫和动物（如两栖动物、爬行动物、鸟类、啮齿动物等）提供了筑穴之地。

最好不要在花园中引入入侵物种，尤其是大叶醉鱼草。它们的别名竟然是“蝴蝶树”，我认为这个名字不合适，因为它们只喂养蝴蝶成虫，而不喂养毛毛虫。荨麻更加适合花园！虽然花朵不那么显眼，但是优点很多。

一般而言，在花园里最好只种当地植物，因为它们已经适应环境，不需要太多的照料和浇灌，也不会和附近的植物竞争。而且，它们和许多本地的动物物种联系紧密。

① 译者注：在法语中，琉璃繁缕单词的字面意思为“红色的繁缕（mouron rouge）”。

异株荨麻（*Urtica dioica*）富含蛋白质，为昆虫的幼虫提供养料。一只孔雀蛱蝶的毛毛虫正在享用美味。我们还可以用异株荨麻熬汤或者做肥料。注意可别把这两个东西的做法弄混。

西洋蒲公英（*Taraxacum sp.*）是一种可食用的先锋植物，但不要吃它的根部！西洋蒲公英富含花粉，黄色的花朵明亮鲜艳，吸引着许多种类的昆虫前来觅食。

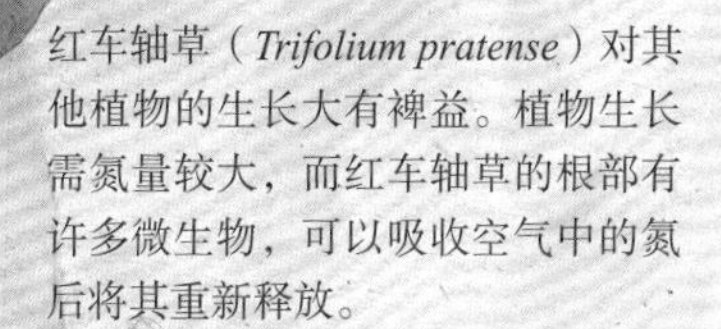

红车轴草（*Trifolium pratense*）对其他植物的生长大有裨益。植物生长需氮量较大，而红车轴草的根部有许多微生物，可以吸收空气中的氮后将其重新释放。

红车轴草是许多蝴蝶的宿主植物。其花粉也深受传粉昆虫的青睐。

非常上镜

给“杂草”拍照是我们的一大愉悦之事。鲜艳或隐蔽，招摇或渺小，这些野花野草是如此魅力四射，谁能忍住不摁下快门呢？而且大多数时候，它们总是出现在我们的视线范围内，如花园里、矮墙上、甚至是地砖的缝隙中，令人陶醉。对呀，它们也在努力为生活而奋斗！

有毒的植物

为了抵御各类昆虫的侵扰，植物往往会生产毒素、长出刺和长毛、有苦味等。但是有毒的植物好比一把双刃剑：有时它们可用于人类或动物的医疗，只要使用的剂量精准。但是，请不要梦想调制巫师汤，也不要轻易扮演草药商，专业人士可绝不会轻易尝试在大自然中找到的东西。

相关表达

杂草（俗语）：很快长大的孩子，尤其是熊孩子。

坏种子（俗语）：坏蛋、流氓胚子等。

小雏菊上的大蜂虻，忙着低头采蜜，无法自拔……

全盛花期的地杨梅。

梨剑纹夜蛾（*Acronicta rumicis*）的幼虫在啃食红车轴草的叶子。

蓝灰蝶（*Cupido argiades*）在白花三叶草（*Trifolium repens*）上采蜜。

白花三叶草为雌雄同株。人们认为遇上四叶草象征着好运。当然，我觉得是刚好那天运气好罢了，和四叶草没什么关系。

小地榆（*Poterium sanguisorba*）。其雌雄同株的花朵功效良多：有收敛、抗病毒、治疗糖尿病、祛风、滋补强身、愈合、止血等功效。

鸭茅（*Dactylis glomerata*）耐干旱，可用来制作结实的草坪。其四处飘散的花粉是致敏源。

一只白垩蓝蝶（*Lysandra coridon*）造访蓍草。蓍的属名*Achillea*来源于古希腊神话中的阿喀琉斯（*Achilles*），传说在特洛伊战争中，阿喀琉斯用蓍草治愈了受伤的脚后跟。蓍草含有一百多种化学成分，其叶子可食用。

白垩蓝蝶（*Lysandra coridon*）在白色的蓍草上吸食花蜜。

小贴士

不用把草坪修剪得光秃秃的，保留杂草有利于迎接更多物种的到来，虫媒也会借机来觅食，从而为来年传播更多的种子。你可以把剪下来的草铺在地上，这样就不用在夏日最热的时刻浇水了[①]。从事园艺活就应该随心且从容，如果你有机会拥有自己的小花园，请好好享受其中！如果你没有花园又钟爱园艺，而恰巧有人没时间、不喜欢也不会整理自己的花园，你大可毛遂自荐。

①译者注：中午气温较高，土的温度也会变高，给植物浇水不但起不到降温作用，还会让植株的根系受到刺激，可能会因此而枯死。因此最好在晚上浇水。

生存威胁

生长空间的减少和碎片化、湿润地区的日益干旱、农业和森林的密集开发、控制植物病虫害产品的滥用、气候变暖等，这一切因素对植物和与其相关的动物产生了严重的影响。人类活动的扩张几乎对所有动植物的生存都施加了非常沉重的压力。

我的草地上，我发了多花地杨梅（*Luzula ltiflora*），其特性如其拉丁名“多”（*multiflora*）一样，一枝花枝上有几朵花。

这只锦葵花弄蝶（*Pyrgus malvae*）出轨了！其宿主植物为锦葵，但它现在却趴在虞美人上。

虞美人（*Papaver rhoeas*）非常受传粉昆虫的欢迎，如蜜蜂、熊蜂、食蚜蝇、蝴蝶和其他木蜂等。虞美人也深受人们的喜爱，可以熬成汤来治疗失眠，也可以做成糖果和止咳糖浆。

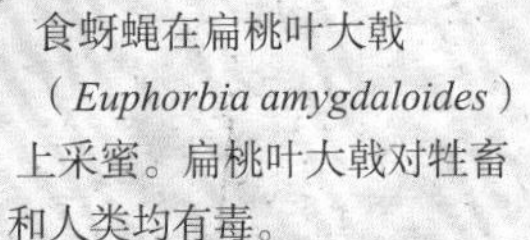

食蚜蝇在扁桃叶大戟（*Euphorbia amygdaloides*）上采蜜。扁桃叶大戟对牲畜和人类均有毒。

六星灯蛾（*Zygaena filipendulae*）

“幸福就在那儿，要学会欣赏它，迎接它，等它出现，是幸福使人淡泊名利，而并非淡泊名利让人幸福。”

——弗雷德里克·勒努瓦，《内在生命论》

羽化

难以置信又引人入胜的自然奇观！

我们极其幸运，曾目睹过蝴蝶悬于其蛹、蜻蜓挂在它的蜕皮上，竭尽全力地挣脱出纤弱外壳、重获新生的一个个动人瞬间。我投入了无数的时间，加上一点点运气的眷顾，大自然终于毫不吝啬地在我眼前展现了魅力，让我得以见证昆虫美妙的羽化过程。希望你们也能感受到同样的魅力，让我们共同揭晓昆虫羽化的奥秘吧。

一切全靠运气！

我并非是在炫耀自己非常走运，因为我必须得承认，拍摄时曾经错过了无数的羽化瞬间——蜕变往往转瞬即逝。在羽化前，蝴蝶的蛹和蜻蜓的壳是透明的，可以看出未来成虫的形态和颜色。从脆弱的几丁质外表变得透明，直至羽化成虫，这一过程需要耗费一定的时间。具体需要多久呢？天知道！因此，为了拍摄到宝贵的羽化瞬间，唯一的办法是：等！只能在小小的蛹面前一站到底——这往往需要好几个小时。因此，除了偶尔走运、突然羽化的情况，等待的过程十分考验人，任何生理需求都会导致前功尽弃。有几次我实在憋不住尿了！

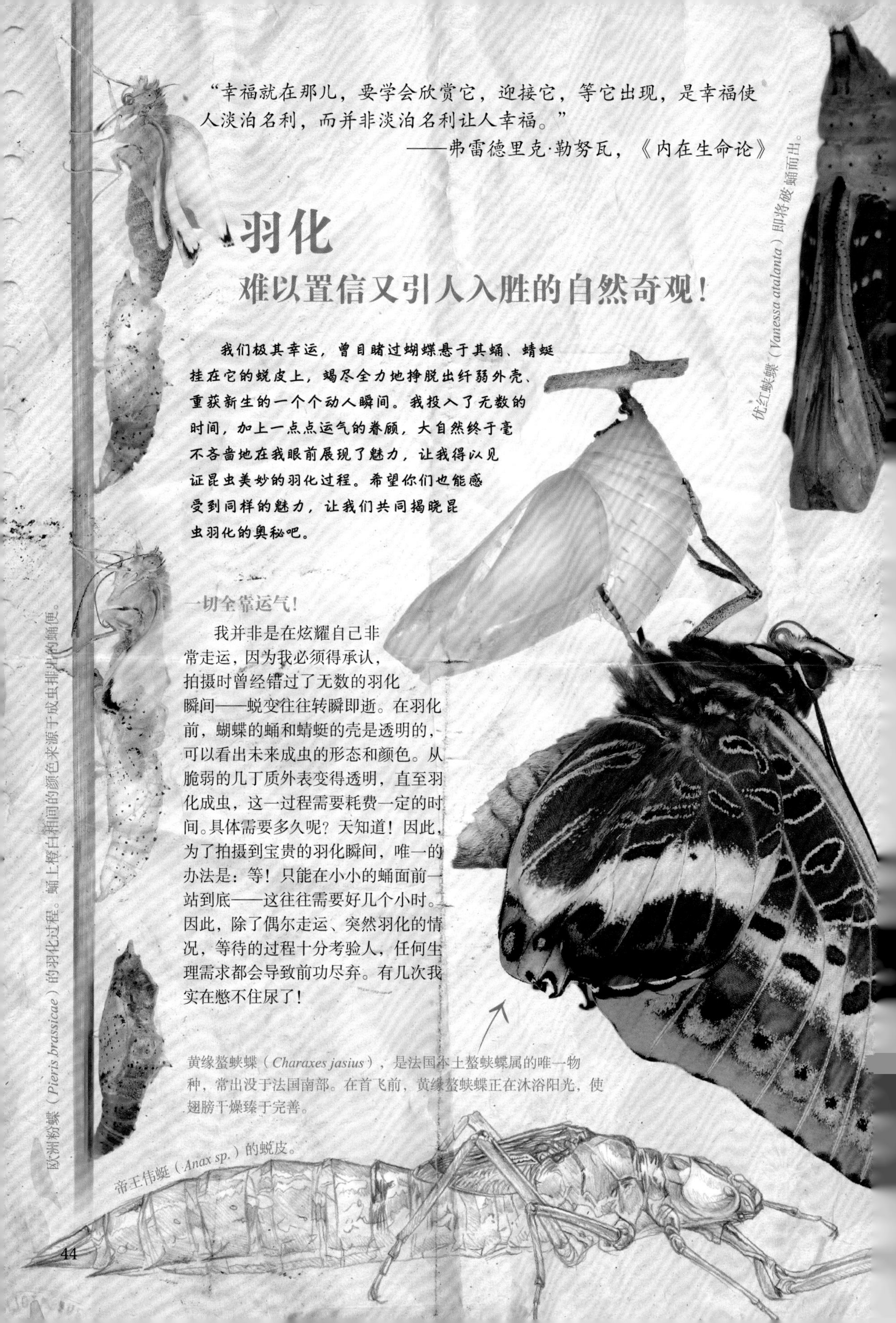

欧洲粉蝶（*Pieris brassicae*）的羽化过程。蛹上橙白相间的颜色来源于成虫排出的蛹便。

优红蛱蝶（*Vanessa atalanta*）即将破蛹而出。

黄缘螯蛱蝶（*Charaxes jasius*），是法国本土螯蛱蝶属的唯一物种，常出没于法国南部。在首飞前，黄缘螯蛱蝶正在沐浴阳光，使翅膀干燥臻于完善。

帝王伟蜓（*Anax sp.*）的蜕皮。

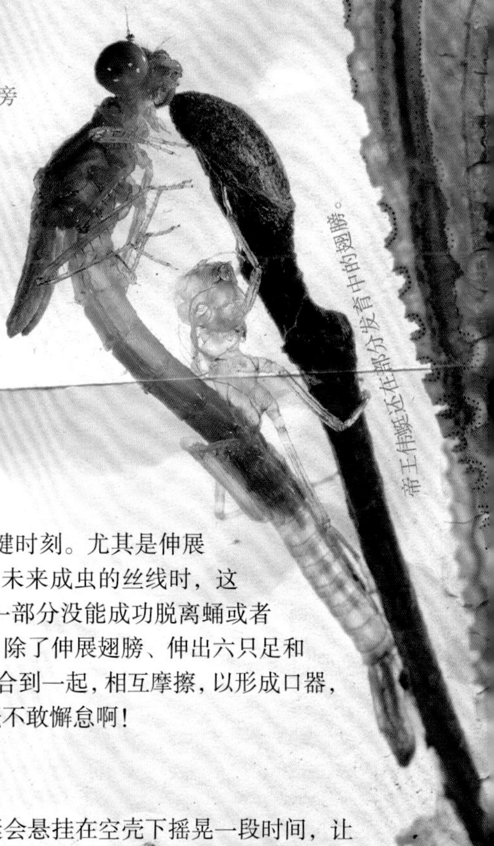

通体绿色的红眼蟌（*Erythromma viridulum*）正在羽化。它旁边还有一个蜕皮，可以看出这地方是羽化的热门地点。

蜻蜓的翅膀被包在翅袋里，在幼虫的最后阶段形成，羽化时，翅膀短而发皱。和蝴蝶一样，蜻蜓通过血管中流动的血淋巴和重力作用，完全发育和伸展翅膀。

帝王伟蜓还在部分发育中的翅膀。

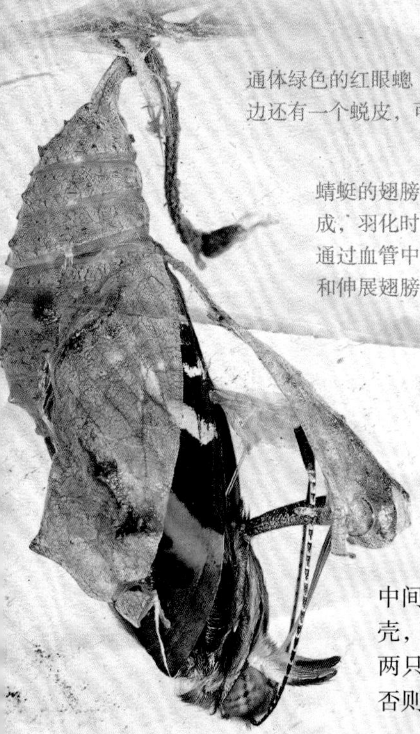

羽化中的海军蛱蝶，成虫正在努力将触角和口器伸出蛹壳外。

决定性的时刻

在羽化过程中有好几个关键时刻。尤其是伸展翅膀、释放用于连接蛹壳气门与未来成虫的丝线时，这中间都容易发生问题。如果昆虫的某一部分没能成功脱离蛹或者壳，那就全完了。这个任务非常复杂！除了伸展翅膀、伸出六只足和两只触角，蝴蝶还要立刻把两道环沟黏合到一起，相互摩擦，以形成口器，否则就无法进食了。羽化过程真是丝毫不敢懈怠啊！

摇啊摇

在完全离开蛹后，许多蝴蝶和蜻蜓会悬挂在空壳下摇晃一段时间，让翅膀伸展、干燥、变硬。这时它们还不能飞行，如果硬化过程不慎失败，损坏了翅膀，那么必然导致死亡，比如遭遇天敌的袭击，成为猎物被捕食。

越小越快！

与伟蜓属和金凤蝶相比，豆娘和鳞翅目蝴蝶的羽化过程较短。通过无数次的观察，我发现它们的羽化时间区别非常明显，体形较小的昆虫比体形较大的羽化得更快。它们拼尽全力和蛹壳斗争，只为尽快挣脱出来。

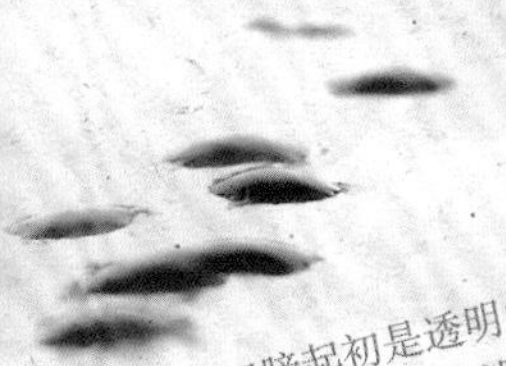

羽化后，蝴蝶排出蛹便。这是蛱蝶的几滴蛹便。

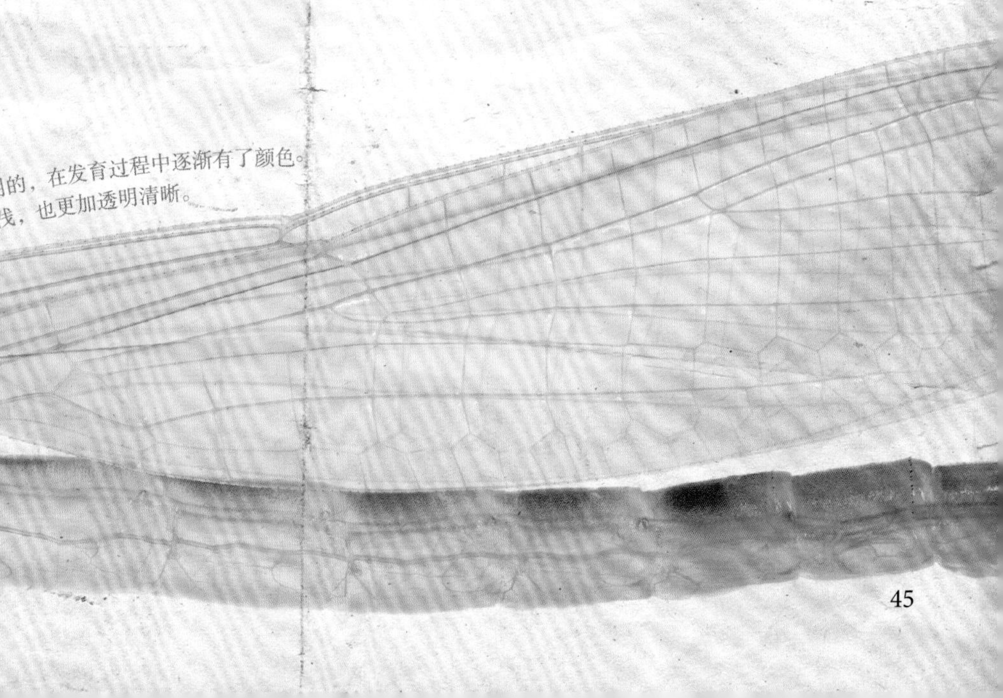

一些蜻蜓的翅膀起初是透明的，在发育过程中逐渐有了颜色。年幼的蜻蜓的翅膀颜色较浅，也更加透明清晰。

翅膀干燥的时间
和昆虫的大小
息息相关……
嘿，马努！
你下不下来！?！①

金凤蝶是欧洲最大的蝴蝶之一。因此，摄影师有更多机会拍摄到其翅膀发育的不同阶段。

谨慎小心，晾干翅膀！

翅膀干燥所需时间取决于两个因素，这非常符合常理。第一，翅膀的大小。翅膀越大，伸展需要的时间越久，干燥和硬化翅膀以顺利飞行的时间也越久。第二，天气条件、大气湿度和气温都必然影响翅膀干燥的时间。小昆虫在第一次飞行前会尽量避免暴露在天敌面前，其羽化和干燥之快也对摄影师的工作造成了极大的挑战。

小贴士：请勿打扰刚刚羽化的昆虫，不要摆弄它或者挪动它，避免使其坠落后无法飞行，导致其遭遇不测后迅速死亡。

超过85%的昆虫是完全变态发育，即发育过程经过卵、幼虫、蛹和成虫等4个时期。所有完全变态发育的昆虫都需要经历羽化。如双翅目、膜翅目、毛翅目、鞘翅目……当然还有蜻蜓目（差翅亚目的蜻蜓，和均翅亚目的豆娘），以及我们刚刚介绍的鳞翅目（异角亚目，俗称蛾类；锤角亚目，俗称蝴蝶）。篇幅有限，就不能在此一一细述了。

从蜻蜓羽化（此处指帝王伟蜓），到首次飞行，可能需要1～2个小时。这可是拍照的好机会，但是千万不要打扰它们。

一只金凤蝶诞生了！我们首先看到的是它的背部，不过翅膀也已经清晰可见了。

① 译者注：20世纪90年代，著名的法国滑稽三人组Les Inconnus表演的经典小品：《嘿，马努！你下不下来？》的一句台词。

人们说，要入伍，回归军队！
看看你的家园吧，它需要你！①

羽化中的条斑赤蜻，翅膀仍然是全透明的。

对于许多鸟类和两栖动物而言，正在羽化的幼虫是唾手可得的美味！

相关表达

羽化（Émerger②）：从平庸中，从无为中，从水中，从被窝中……出来。年轻人们啊，行动起来吧。

生存威胁

生长空间的减少和碎片化、湿润地区的日益干旱、控制植物病虫害产品的滥用等，这一切因素都对昆虫群体产生了严重影响。自1989年开始，《公共科学图书馆·综合》杂志进行了一项国际研究，分析了在德国捕获的昆虫后得出结论：近三十年来，欧洲大陆约80%的昆虫已经消失。德国进行的农业活动和法国非常相似，因此法国的情况也不容乐观。

小贴士

想要在春天观察到蜻蜓的羽化过程，首先要到水边（池塘或沼泽）找到鸢尾或水生植物上面已有的蜕皮。然后在次日清晨再次前往此地，祈祷命运之神的眷顾，也许就能成为见证大自然奇迹的天选之子！

① 译者注：法国著名的系列漫画《阿斯泰利克斯历险记》Astérix le Gaulois中的台词。高卢人为了与阿斯泰利克斯抗争，不断征兵，然而总是节节败退，正如昆虫在人类的杀虫剂下毫无生存的希望一样。

②在法语中，“émerger”除了“羽化”还有很多含义，如此处所列举。

蛹
自然之瑰宝

我有幸见证过数次奇妙而赏心悦目的羽化。即便如此，我仍然百看不厌，乐在其中。大自然拥有更新换代的创造力，可以满足任何一个好奇的灵魂，正如羊乳干酪对吃货们永远魅力无穷！在进一步了解昆虫前，让我们一起来探索这个奇妙的外壳——蝴蝶之蛹！

闪闪发光

"蛹"一词来源于希腊语 krusallis，意为"金黄色的"，比如著名的异域幻紫斑蝶（*Euploea core*）和我们身边低调的荨麻蛱蝶（*Aglais urticae*），它们身上都有耀眼而美丽的金属荧光。

身体结构

当我们仔细观察蛹时，很快会发现它们与幼虫的一些共同之处，比如气门和腹节。不同之处是蛹长了翅膀，如果成虫有口器，那么蛹也有代替幼虫颚骨的口器。还有新长的足和触角……因此，观察一只蛾蛹时，可以用触角判断其性别，雄性触角大、呈梳状，雌性触角则较细。

小红蛱蝶（*Vanessa cardui*）的蛹外表如镀金般闪耀，仿佛是一件真正的珠宝。未来成虫的各个部分已然清晰可见。

孔雀蛱蝶（*Aglais io*）的蛹刚成型。幼虫的最后一次蜕皮正在掉落，露出臀棘和用以连接其支撑点的丝。

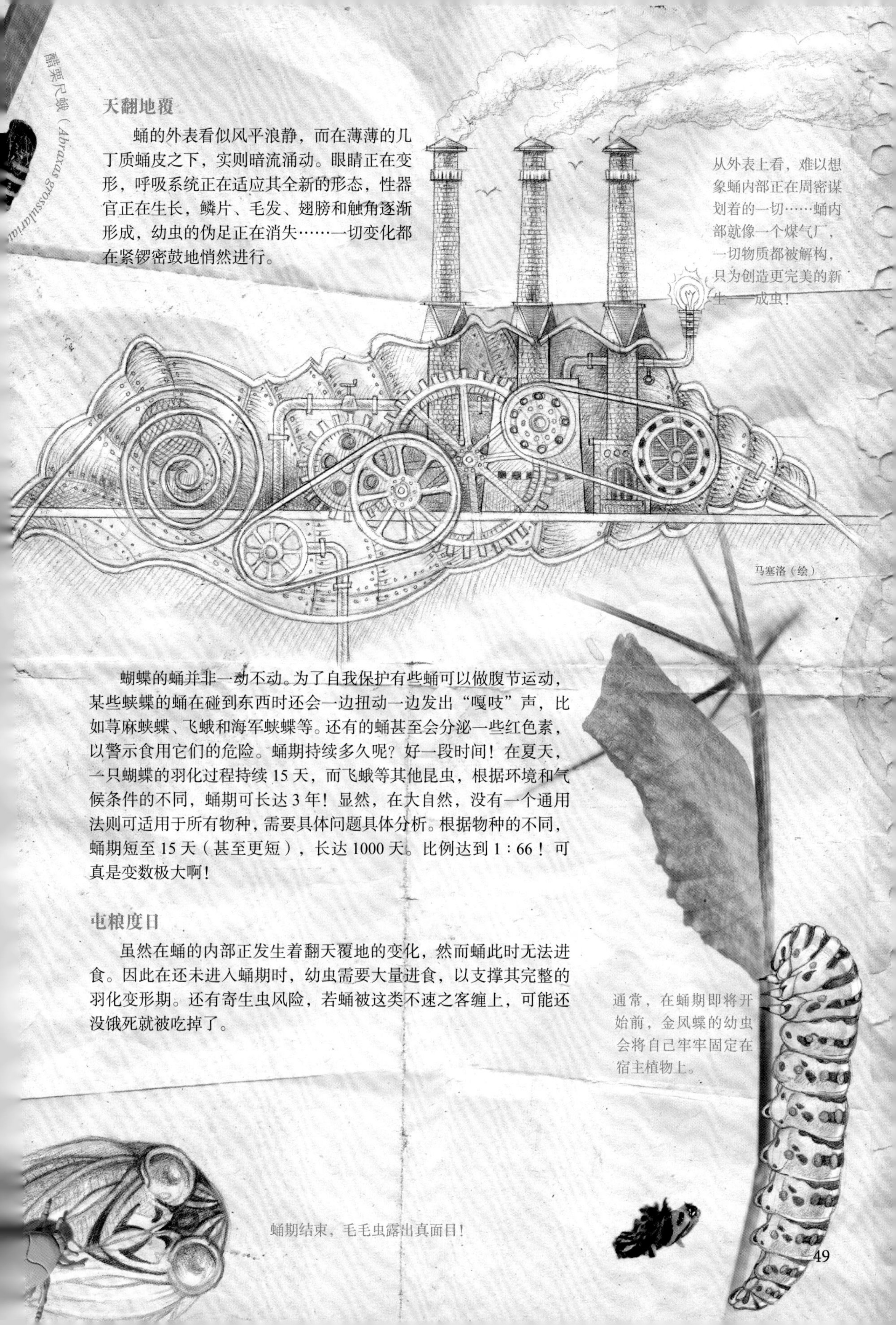

天翻地覆

蛹的外表看似风平浪静，而在薄薄的几丁质蛹皮之下，实则暗流涌动。眼睛正在变形，呼吸系统正在适应其全新的形态，性器官正在生长，鳞片、毛发、翅膀和触角逐渐形成，幼虫的伪足正在消失……一切变化都在紧锣密鼓地悄然进行。

从外表上看，难以想象蛹内部正在周密谋划着的一切……蛹内部就像一个煤气厂，一切物质都被解构，只为创造更完美的新生——成虫！

马塞洛（绘）

蝴蝶的蛹并非一动不动。为了自我保护有些蛹可以做腹节运动，某些蛱蝶的蛹在碰到东西时还会一边扭动一边发出“嘎吱”声，比如荨麻蛱蝶、飞蛾和海军蛱蝶等。还有的蛹甚至会分泌一些红色素，以警示食用它们的危险。蛹期持续多久呢？好一段时间！在夏天，一只蝴蝶的羽化过程持续 15 天，而飞蛾等其他昆虫，根据环境和气候条件的不同，蛹期可长达 3 年！显然，在大自然，没有一个通用法则可适用于所有物种，需要具体问题具体分析。根据物种的不同，蛹期短至 15 天（甚至更短），长达 1000 天。比例达到 1∶66！可真是变数极大啊！

屯粮度日

虽然在蛹的内部正发生着翻天覆地的变化，然而蛹此时无法进食。因此在还未进入蛹期时，幼虫需要大量进食，以支撑其完整的羽化变形期。还有寄生虫风险，若蛹被这类不速之客缠上，可能还没饿死就被吃掉了。

通常，在蛹期即将开始前，金凤蝶的幼虫会将自己牢牢固定在宿主植物上。

蛹期结束，毛毛虫露出真面目！

网状的茧，只能从里面脱离而出，无法从外部侵入其中。

有茧还是无茧?

会编织茧的昼间活动的蝴蝶（锤角亚目）数量很少，且茧丝一般很细，可以透过茧看到蛹。蛱蝶不编织茧，它们用腹部末端的臀棘吐的丝线将自己固定在支撑点上，然后头朝下悬挂，直至羽化。粉蝶和金凤蝶等一些其他种类同样用臀棘吐的丝线将自己固定住，然而它们为了保持头朝上，还会编制丝“腰带”固定自己，以防止往下坠，真厉害！一些夜间活动的飞蛾的幼虫一般也会编制坚固的丝茧，有时还会在其中夹杂一点植物渣子，比如黑带二尾舟蛾（*Cerura vinula*）。至于其他不编织茧的昆虫，为了避免被天敌所捕食，会将自己埋进土里，有些种类还会在地里铺一些松弛的丝线。如赭带鬼脸天蛾（*Acherontia atropos*）钻进地下筑好丝窝后，还会用唾液黏合剂将其加固。还有的幼虫也不编织茧，而是直接藏于植被下方。

因遭遇寄生虫，孔雀蛱蝶的蛹再也看不到明天的太阳①……

①译者注：此处为双关，在法语中“孔雀蛱蝶（paon-du-jour）”一词字面意思为“白天的孔雀”，“出生（voir Le jour）”的字面意思为“看到白天”。此处暗指蛹的成虫不能出生，已经死亡。

从这个打开的茧可以观察飞蛾的蛹，其宽大的触角说明成虫为雄性。

捉迷藏!

许多固定于植物上的蝴蝶蛹有保护色，并模仿植物的某一部分，比如钩粉蝶和红襟粉蝶；还有一些蛹与小树枝和木头很相像，比如锯粉蝶。总之，它们一定要模仿自己安居的地方。

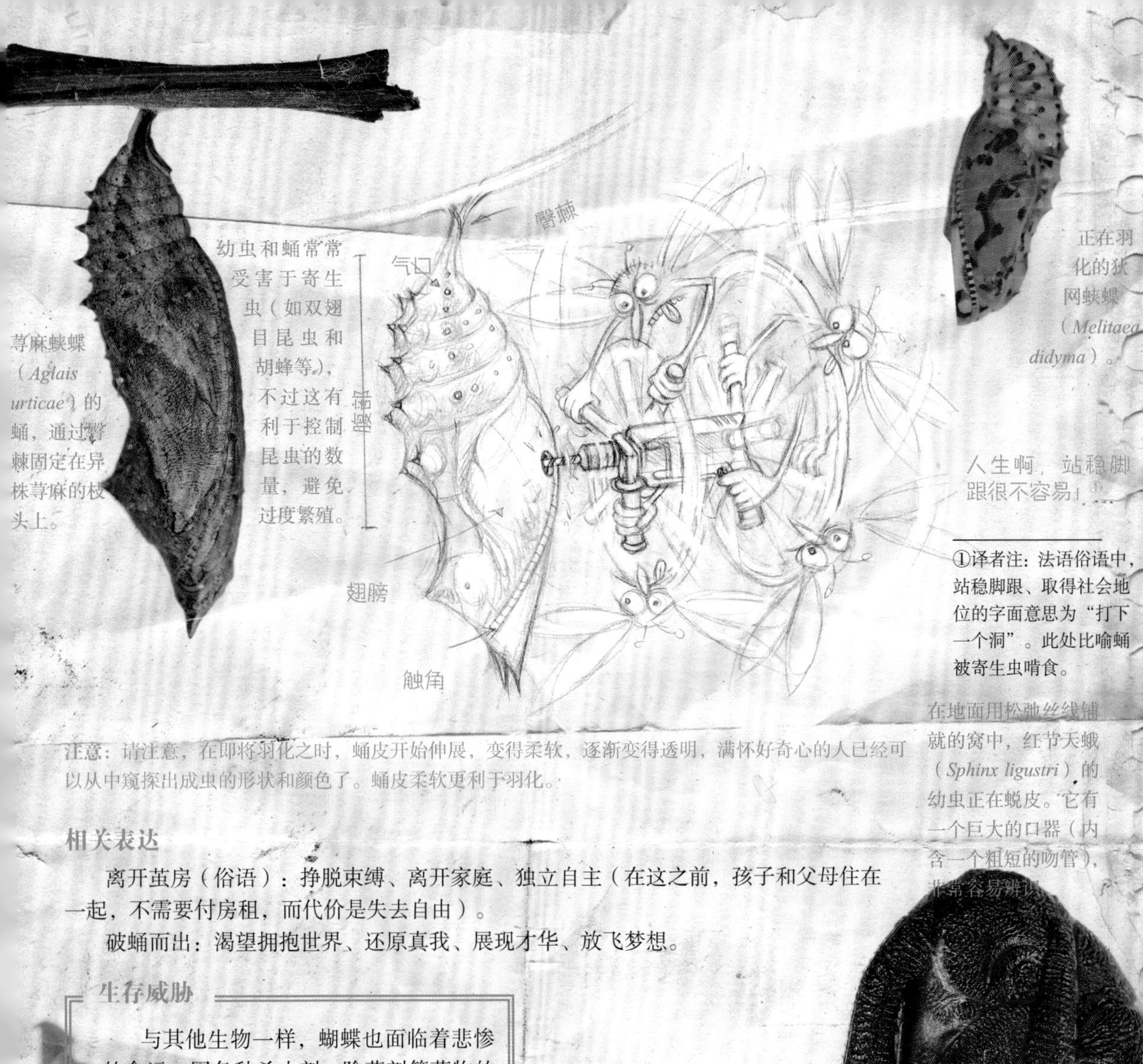

荨麻蛱蝶（*Aglais urticae*）的蛹，通过臀棘固定在异株荨麻的枝头上。

幼虫和蛹常常受害于寄生虫（如双翅目昆虫和胡蜂等），不过这有利于控制昆虫的数量，避免过度繁殖。

正在羽化的狄网蛱蝶（*Melitaea didyma*）。

①译者注：法语俗语中，站稳脚跟、取得社会地位的字面意思为“打下一个洞”。此处比喻蛹被寄生虫啃食。

在地面用松弛丝线铺就的窝中，红节天蛾（*Sphinx ligustri*）的幼虫正在蜕皮。它有一个巨大的口器（内含一个粗短的吻管），非常容易辨认。

注意：请注意，在即将羽化之时，蛹皮开始伸展，变得柔软，逐渐变得透明，满怀好奇心的人已经可以从中窥探出成虫的形状和颜色了。蛹皮柔软更利于羽化。

相关表达

离开茧房（俗语）：挣脱束缚、离开家庭、独立自主（在这之前，孩子和父母住在一起，不需要付房租，而代价是失去自由）。

破蛹而出：渴望拥抱世界、还原真我、展现才华、放飞梦想。

生存威胁

与其他生物一样，蝴蝶也面临着悲惨的命运：因各种杀虫剂、除草剂等药物的滥用，蝴蝶生存环境在不断减少、不断碎片化，不断遭到污染，然而人类还在为这些药物的发明而沾沾自喜。

小贴士

春天来了！当你收拾花园时，除草和翻土可能会发现土里的一些蛹，请将其放在一个容器里。当然，也可能是踏破铁鞋无觅处，终于找到了几只珍贵的蛹！干完活时，请把它们放回发现它们的地方，因为这层薄薄的土壤可以保护它们免受霜冻、不受天敌的袭击。

即将羽化的马丁字灰蝶（*Cacyreus marshalli*）。

“无论何时何地，无论要应对何种局面，唯有怀着强大的决心，摒弃一切优柔寡断，才能换回自由。若我们不能吸取幼虫给我们的这个教训，那人类就完了。厄运迟早降临，我们终将面临恐龙的命运。”

——罗伯特·安森·海因莱因

懒虫们！①

我们常常以成虫的存活时间来计算昆虫的寿命。然而这是错误的，因为大多数昆虫的幼虫期远比成虫期长，成虫期仅仅是为了繁殖。若算上幼虫期，昆虫可不是朝生暮死的物种。

胚胎期：卵

胚胎期可和足球场没有任何关系②。不过我们刚从足球场出来，足球让我们神清气爽！大部分昆虫是卵生动物，即雌性产卵于宿主植物或者某个适宜的群落空间（如水塘、湖泊、地面等）。问题来了，是先有鸡还是先有蛋？是先有虫还是先有卵？

致命幼虫

水生或者陆生的幼虫，有些是捕食性物种（如蜻蜓、龙虱、斑虻、瓢虫、食蚜蝇等），有些是食碎屑昆虫（以腐烂破碎的动植物残体为食的昆虫），还有些是植食性昆虫（以植物活体为食的昆虫，如蝴蝶的幼虫）。有些幼虫是体内寄生，寄生于动植物内部，将其蚕食；还有些甚至是体外寄生，寄生在生物表面，从外部将其食用，不过，这样有助于控制过度繁殖。

昆虫只有在幼虫期性器官尚未成熟。而人这种“高级动物”，往往一辈子都童心未泯……幼虫移动自如，根据种类不同，生活在水中、地下或地面，有些寄生类甚至生活在生物体内，如寄生蝇的蛆，也叫作毛毛虫蝇……哎呀，我还是别继续往下说了！

① 译者注：在法语俗语中，用幼虫比喻懒惰、无能、胆小的人。

② 译者注：在法语中，“阶段”和“体育场”为同一个单词“stade”。

金凤蝶的卵被产在宿主植物上。幼虫开始食用卵皮准备脱卵而出，马上就要开始四处寻找美味了。

在金凤蝶幼虫的头顶有两个橙色的小触角，有气味且可伸缩。为了驱赶捕食者，幼虫会伸出触角。

一对玫瑰犁瘿蜂（*Diplolepis rosae*）。♂ ♀

在遭受玫瑰犁瘿蜂幼虫的刺激后，蔷薇等植物形成了毛发状的虫瘿——“苔状蔷薇虫瘿”。虫瘿可以保护幼虫，同时还为幼虫提供养料。

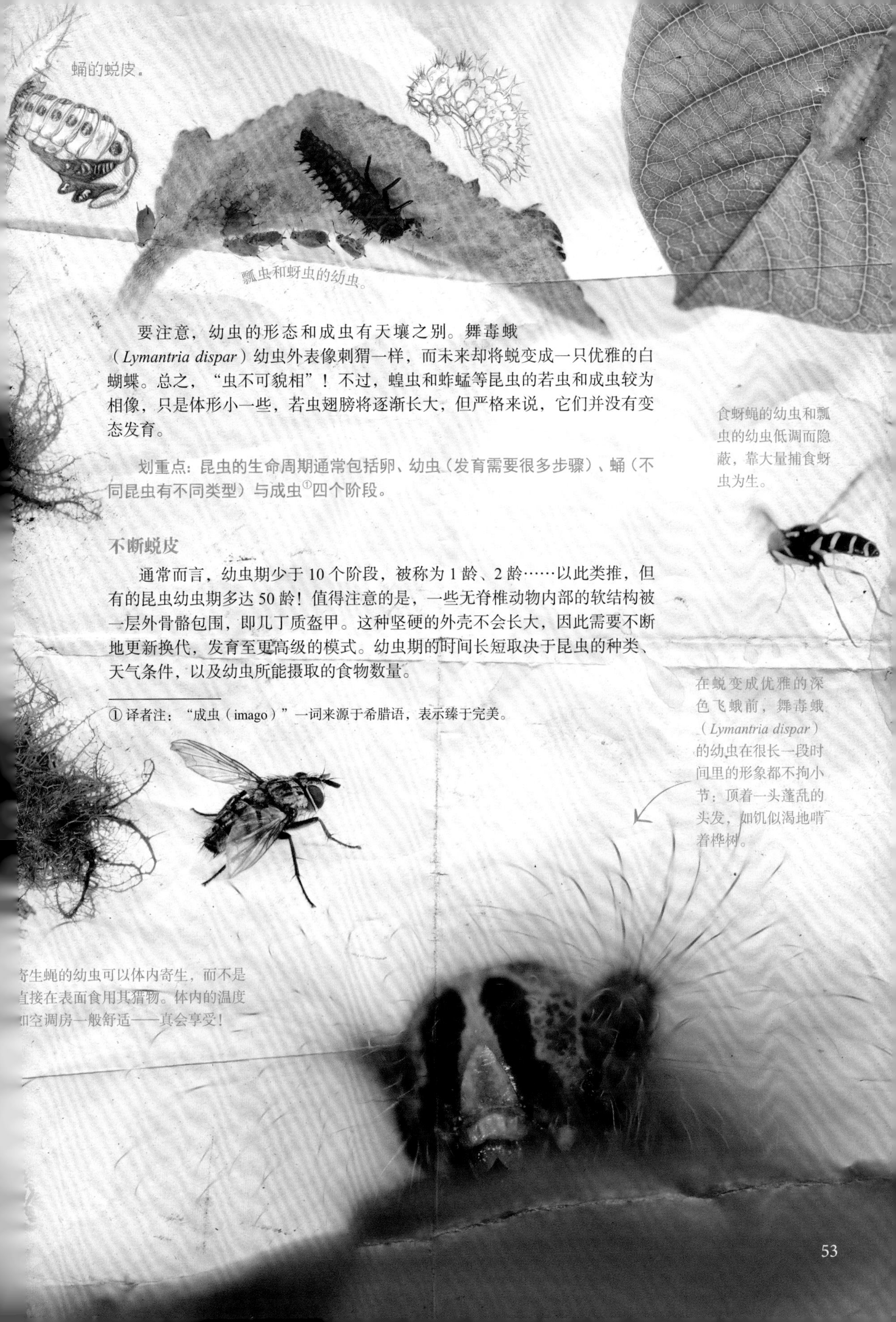

蛹的蜕皮。

瓢虫和蚜虫的幼虫。

要注意，幼虫的形态和成虫有天壤之别。舞毒蛾（*Lymantria dispar*）幼虫外表像刺猬一样，而未来却将蜕变成一只优雅的白蝴蝶。总之，"虫不可貌相"！不过，蝗虫和蚱蜢等昆虫的若虫和成虫较为相像，只是体形小一些，若虫翅膀将逐渐长大，但严格来说，它们并没有变态发育。

划重点：昆虫的生命周期通常包括卵、幼虫（发育需要很多步骤）、蛹（不同昆虫有不同类型）与成虫①四个阶段。

食蚜蝇的幼虫和瓢虫的幼虫低调而隐蔽，靠大量捕食蚜虫为生。

不断蜕皮

通常而言，幼虫期少于 10 个阶段，被称为 1 龄、2 龄……以此类推，但有的昆虫幼虫期多达 50 龄！值得注意的是，一些无脊椎动物内部的软结构被一层外骨骼包围，即几丁质盔甲。这种坚硬的外壳不会长大，因此需要不断地更新换代，发育至更高级的模式。幼虫期的时间长短取决于昆虫的种类、天气条件，以及幼虫所能摄取的食物数量。

① 译者注："成虫（imago）"一词来源于希腊语，表示臻于完美。

在蜕变成优雅的深色飞蛾前，舞毒蛾（*Lymantria dispar*）的幼虫在很长一段时间里的形象都不拘小节：顶着一头蓬乱的头发，如饥似渴地啃着桦树。

寄生蝇的幼虫可以体内寄生，而不是直接在表面食用其猎物。体内的温度如空调房一般舒适——真会享受！

雄性红眼蟌（*Erythromma viridulum*）的羽化过程非常短暂。昆虫的体形越小，翅膀的干燥时间越短。因此小型昆虫很快就可以开始飞行。

在平原，蜻蜓的稚虫期为一年，然而要是它到了高山，幼虫期可长达3年。金匠花金龟幼虫在肥料堆里四处溜达的时间可长达3年。

金匠花金龟的蛹。

虽然名字相近，但是它们和朱利安・多雷[①]一点关系都没有！

一些需要更正的错误观念

蝴蝶并不是只活3天！比如钩粉蝶会度过一个冬天，不过会行动迟缓。

蝉可没有终日无所事事，只晓得聒噪蝉鸣……它可以在地下生存超过8年，靠挖掘地洞觅食。

肥大的幼虫，并不一定指大腹便便的懒货[②]！可能只是单纯指一只虫子而已……

开饭了！！！

除了冬眠时期，幼虫大部分时候都在进食，什么都吃。它们食欲过盛是有原因的，而并不是像现代人一样被狂热的消费主义冲昏了头脑。幼虫即将进入蛹期，在蛹期，蝴蝶、蚊子和苍蝇的蛹将发生翻天覆地的生理变化，需要大量养料的支撑。

每一个蛹的变化都各有千秋。有的长出新足，有的伪足消失，有的长出翅膀，有的下颚化为吻管、口针或吸盘；有的触角、鳞片或毛发开始生长；有的水中用的鳃变为空气中的呼吸器官。大自然表面上风平浪静，实际上处处都是惊涛骇浪！

小小幼虫，大大责任！

虽然幼虫会破坏庄稼，有些还是寄生虫，然而对于许多鸟类、鱼类、两栖动物和哺乳动物而言，它们可是美味佳肴。同时，它们还是检测水、空气和土地质量的"晴雨表"，它们还可以分解有机物和死亡的植物。例如，金匠花金龟的幼虫非常积极地参与制作堆肥的过程；还有著名的瓢虫，其幼虫经常被用于蚜虫防治。在许多国家，昆虫的幼虫还是人们的盘中美味，如南美洲、亚洲和非洲等地。

① 译者注：朱利安・多雷（Julien Doré），法国另类摇滚歌手。在法语中，金匠花金龟的名字为"Cétoine dorée"，和"多雷"发音相同。

② 译者注：法语俗语中，"肥大幼虫"常用于比喻懒惰而肥胖的人。

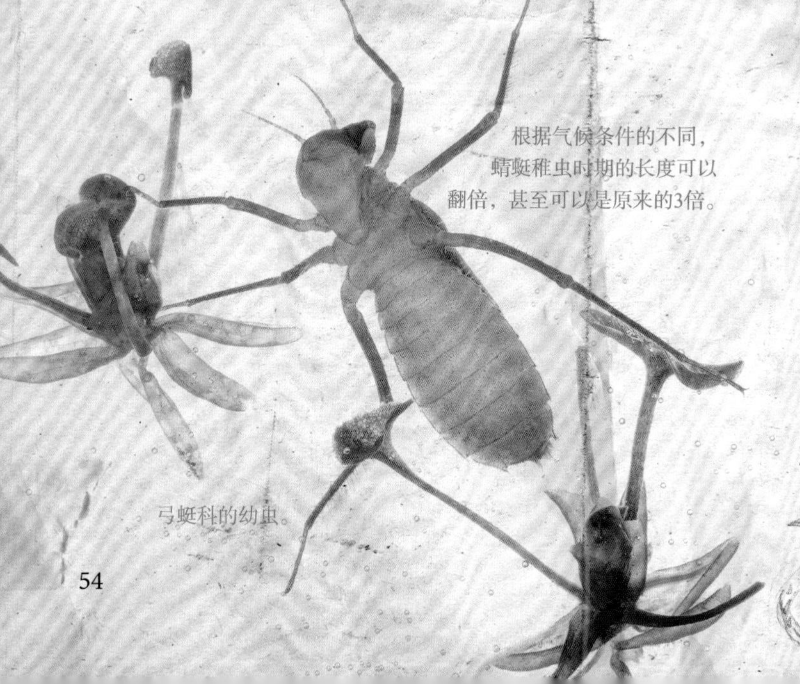

根据气候条件的不同，蜻蜓稚虫时期的长度可以翻倍，甚至可以是原来的3倍。

弓蜓科的幼虫。

蜻蜓稚虫正伸出脸盖。

一些血鼻甲虫（*Timarcha tenebricosa*）在猪殃殃上，这个柔软又不爱动的昆虫正在啃食植物。

懒虫们，给我爬！用钢筋铁骨，铸成铜墙铁壁！我们队伍里可没有缺胳膊少腿的士兵！②
“是，长官！”
“是，长官！”
“是，长官！”
“是，长官！”
“是，长官！”
“是，长官！”
“是，长官！”
“是，长官！”
“是，长官！”

蝉幼虫正在经历最后一次蜕皮（成虫蜕皮），此时的蛹仿佛穿上了一件成虫的衣服，盛装出席只待羽化！

总之，幼虫身兼多职，它们是：可靠的传粉者、把物质分解成可吸收无机盐的循环者、防止植物过度繁殖的素食主义者和调节无脊椎动物数量的肉食主义者。与此同时，它们还是脊椎动物不可或缺的食物来源。幼虫长大之后，同样肩负着重任：成虫要辛勤地繁衍下一代以保证生命的延续，同时还和幼虫一样——传粉、分解、捕食或被捕食。

羽化，并非出生

幼虫期过后便是蛹期。其实我不大喜欢用“出生”来代替“羽化”一词。因为当蝴蝶破蛹而出、蝉和蜻蜓脱掉最后一层皮时，它们并非“出生”。出生是指幼虫诞生于卵那一刻，当你目不转睛地欣赏着神奇的羽化表演时，距离它们真正诞生的时间已经过去很久了。羽化时的照片精彩纷呈，且蕴含着丰富的教育意义。

小贴士：

想要观察蝴蝶的幼虫？很简单，只需在花园的小角落里种点荨麻即可！

夏天，摇蚊科常产卵于游泳池，难以被发现。

距摄影奥林匹克运动会比赛①正式拉开序幕！

菜粉蝶（*Pieris rapae*）的卵。其幼虫以卷心菜为食，遏制了卷心菜的迅速生长。今年的卷心菜被幼虫吃掉了不少……我得努力拍照赚钱，才买得起昂贵的卷心菜！

---

① 译者注：法语单词“奥林匹克运动会比赛（Jeux Olympiques）”，与“卵（œufs）”同音，此处双关暗示摄影师拍摄卵难度之高，犹如参加奥运比赛。

② 译者注：蝴蝶幼虫只有前面六条腿是真足，后四条腿是“伪足”，确实是“缺胳膊少腿”！

“即使是一只蝴蝶的微微振翅，也需要一整个辽阔的天空。”

——保尔·克洛岱尔

小皇帝蛾 亘古的白日之恋

Saturnia pavonia (Linnaeus, 1758)

雌蝶的触角非常纤细。

♀

正如其名，小皇帝蛾的体形小于大皇帝蛾。另外，虽然小皇帝蛾和孔雀蛱蝶[①]名字很像，它们并非同一物种。小皇帝蛾属于天蚕蛾科，天蚕蛾科*在全球有超过1500种，在法国本土却仅有6种，其中包括一种引入的天蚕蛾科：眉纹天蚕蛾（*Samia cynthia*）。

*2003年确定的天蚕蛾科新物种：*Saturnia pavoniella*。

小皇帝蛾在法国随处可见（科西嘉岛除外），如地中海边上、比利牛斯山东侧和我的家乡香槟地区，我每年都会与它们不期而遇。它们大多数无疾而终，因为和大多数蛾类一样，小皇帝蛾没有口器，在成虫时期无法进食。它们的衰老过程十分迅速，生存仅仅是为了繁殖：在几天之内四处寻觅知心爱人，单纯地完成交配。和纯粹而直接的飞蛾相比，人类为了追求爱情，可谓费尽心机。

两性异形

小皇帝蛾是两性异形物种，差异首先表现在触角上：雄性的触角大、呈梳状，而雌性的触角长而纤细。除此之外，两性的颜色和大小也不一样。雌蛾比雄蛾要大，且穿着美丽而低调的灰裙子；公蛾则大部分为橙棕色。

---

① 译者注：法语中，小皇帝蛾名为“夜晚的小孔雀”，孔雀蛱蝶的名为“白天的孔雀”。

♀

翅膀上的眼状斑用于恐吓潜在的天敌。

交配时长

这个物种的成虫期非常短暂，因此必须争分夺秒地进行繁殖。它们的交配一般在白天进行，因此我才能顺利拍摄。雄蛾如无头苍蝇般四处乱飞，只为用那对大大的梳状触角捕捉到一丝雌性所散发的芳香。通常，雌蛾栖息在其羽化的地方附近，等待着雄性的到来。

雄蛾们争先恐后，先到先得！雌蛾们则不用费心，静静等待就好……雌性一开始交配便停止释放信息素。

交配时间很漫长，摄影师得以尽情拍摄！

小皇帝蛾是一化性昆虫，一年只能繁殖一代。

不断散发信息素的美丽雌蛾，能迅速地召唤到一个伴侣。

有时，雄蛾需要跋山涉水，只为与爱人相见……

从卵到毛毛虫！

交配后，紧接着就是产卵。雌蛾一般产卵于宿主植物的枝头，通常几十个卵黏连成一簇，直到雌蛾将卵排尽，卵的总数一般是200多个。雌蛾产卵时会不自觉地在卵上留下一些结成块的绒毛。

两周后，一群群黑色的小毛毛虫诞生了。它们可以用许多植物充饥：欧洲越橘、山楂树、桤木、桦树、欧石楠、千金榆、白蜡树、千屈菜、柳树、黑刺李树、树莓……

幼虫期分为5个阶段，从1龄到5龄。随着不断长大和蜕皮，幼虫从深黑色逐渐变成绿色。在4龄时，绿色的幼虫开始独居，并长出带刺的黑色环节。在最后一个阶段，幼虫完全变成绿色，长约6厘米。

噢，可爱的小绿虫！这个小胖虫正在准备织茧成蛹了。我在骑自行车闲逛时，偶遇了这个横穿马路的5龄小幼虫，我把它拾了起来。正当我担心它是否因寄生虫侵蚀而奄奄一息时，它开始织茧了，这化解了我的疑虑！来年它就会破茧而出，成为一只美丽的飞蛾……

沿着雄性触角生长的特殊的绒毛是一种化学感受器，雄蛾可以用它们侦测出好几公里之外的雌蛾！

这一簇卵会很快孵化……根据气候条件的不同，孵化所需的时间也不同，通常不会超过两周。

雌雄有别。

生存武器

经过 5～6 周的发育和进食后，毛毛虫开始用粗糙的棕色丝线编制坚硬的茧，网状的漏斗结构可以让未来的蝴蝶更容易破蛹而出，同时保护蛹不受任何捕食者的侵害。得益于这种严密谨慎的生存武器，这个物种像它的姐妹大孔雀蛾一样，可以在丝网内度过两个冬天。

如何找到它？

成虫在 3 月末至 5 月间活动，毛毛虫 5 月到 8 月间在宿主植物上生活，蛹从初秋开始形成，在次年春天羽化……春去秋来，循环往复。为了细致观察，保护物种，一定要先进行透彻的了解，避免酿成错误。

栖息地： 荒地、荆棘丛生的荒野、欧石楠丛、林边、明亮的树林、树木较多的果园和花园等。小皇帝蛾生存的海拔可达 2000 米。

生存威胁

保护自然需要你的一臂之力！小皇帝蛾和其他所有物种一样，深受人类活动所害：对大自然进行的高强度机械开发和化学应用，急速扩张的城市化导致群落的生存环境不断减少。其实你只要在花园中辟出一小块野草荒地，流浪的昆虫们就能落脚安家。

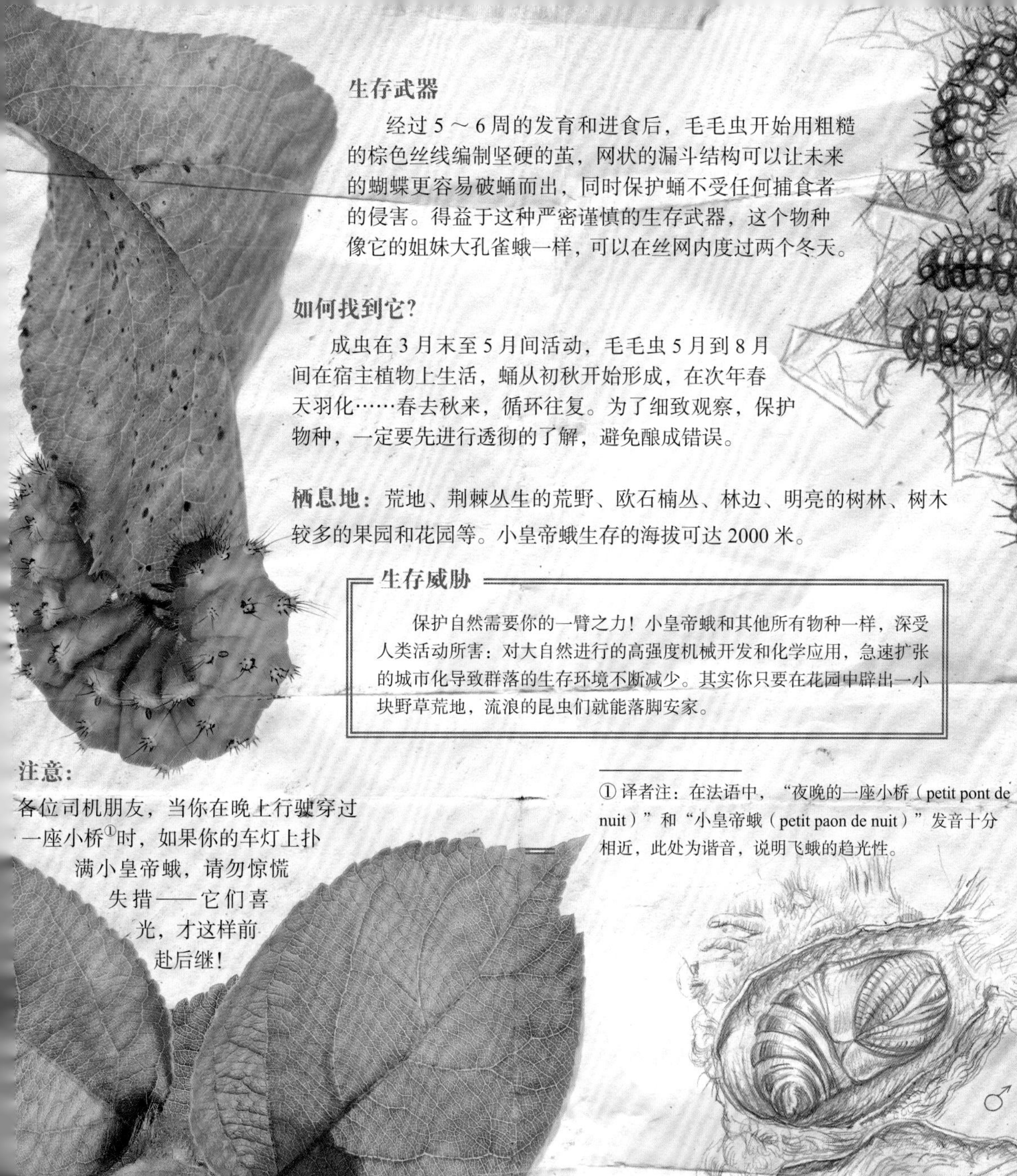

注意：

各位司机朋友，当你在晚上行驶穿过一座小桥[1]时，如果你的车灯上扑满小皇帝蛾，请勿惊慌失措——它们喜光，才这样前赴后继！

在叶丛中，可以依稀看到漏斗状的茧网。

我们可以从这个打开的茧观察飞蛾的蛹，宽大的触角说明成虫是雄性的。

① 译者注：在法语中，“夜晚的一座小桥（petit pont de nuit）”和“小皇帝蛾（petit paon de nuit）”发音十分相近，此处为谐音，说明飞蛾的趋光性。

“你要比我更加理解生活，明察秋毫，志向和树木一样高大。志存高远，方能积微致著。”

——儒勒·列那尔致儿子方特克

多情的树木

漫长的春天，是播种的季节

白柳（*Salix alba*）的果实，蒴果中含有大量的种子。

白柳的果实开裂。

自从树木在地球诞生以来，这些不会动的生命从未停止过追逐爱情的步伐，动物往往充当它们的花粉搬运工；在一些温度较低且不太适宜哺乳动物和鸟类生存的地区，则由风和昆虫来运送花粉种子，小小的花粉里携带着植物的精子，让我们一起探索它们的“天空之恋”吧。

风媒：七分靠打拼，缘分天注定

在希腊语中，“风媒”一词由风（anemos）和婚礼（gamos）组成，即以风联姻。当然，被风左右的婚礼，只能随遇而安。一些植物的花芽比叶芽更早开放，这一类植物往往是风媒植物，靠风向雌蕊传播花粉（花粉即雄性的小小“种子”，花粉粒中含有精子。通过授粉，精子与雌蕊胚珠结合，发育成种子）。然而，树叶的生长将为花粉的征途增添更多“不测风云”。

大多数树木都选择风媒传粉。搭乘这趟免费“顺风车”是有风险的。

蒴果盛开，如飘絮般的种子随风飞散。

欧洲白榆（*Ulmus laevis*）的果实。翅果只有一个种子。这种带翅膀的果实更有利于播种。

雄葇荑花序、雌葇荑花序和其他常见柔软花序

葇荑花序常常呈下垂状，含有成千上万的花粉粒。例如，桦树的一个雄花序可产生五百万颗花粉粒，一颗榛子树可以散播 5 亿颗花粉粒！在显微镜下，一粒花粉约 20 ～ 30 微米，花粉由雄蕊产生，每一个雄蕊囊括的花粉粒可达十万颗。

雄葇荑花序常常呈带状，在树枝上多簇悬挂生长，而雌葇荑花序通常长在枝头。

花粉病

在某些年份，针叶树会产生大量花粉，仅在 1 平方米中堆积的花粉粒可高达 3 亿颗。

2015 年，法国尼姆市连续一周在空气中检测出高密度的花粉：每立方米有 1 万颗柏树花粉粒！这对于花粉敏感人群是一场灾难，因为每立方米花粉达 5 颗即可造成过敏。

*雌葇荑花序的放大图。只有负责收集风中花粉的柱头会长出花苞。

全盛花期的雄花序。这些花朵几乎都会变成雄蕊。

榛子树的雌花序。和雄蕊相比，雌蕊看起来非常低调隐蔽。

欧洲山杨（*Populus tremula*）的雄蕊。在长满毛的鳞片保护层下方，红色的雄蕊清晰可见，饱含花粉。

被风掌控的命运

在我居住的地区约有 80% 的植物选择靠风传播花粉，进行繁殖。当然，这也是物竞天择的规律使然。植物自己也知道，依靠风媒在树种中找到知己的概率相当低。

我命由我不由天……雌雄同体，解决问题！

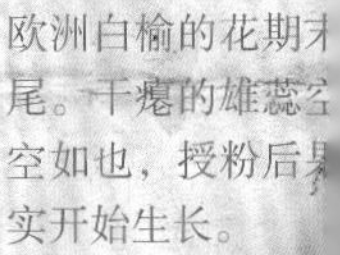

欧洲白榆的花期末尾。干瘪的雄蕊空空如也，授粉后果实开始生长。

正常状态下，树木和开花植物一样，一棵树的花有雌蕊和雄蕊（即雌雄同株）。因为植物无法移动，不能自己去找另一半，那就自我解决吧！由于雄蕊产生的花粉和雌蕊的胚珠距离很近，授粉成功率得以提升，这就是自花传粉，然而对基因混合而言却不太友好……基因混合是个体间基因的交流，对一个种群的基因多样性起重要作用，有利于保持生物的适应性，促进生物的进化。因此，一些雌雄同株的物种让两性花的雌蕊和雄蕊在不同时期成熟，以强行避免自花传粉，让它们去别处寻花觅柳，以改写命运！这便是雌雄异熟，可分为雄蕊先熟和雌蕊先熟。还有少数植物是单性花。这就像是过去的学校把男生和女生分在不同的班级中，分为男班和女班。单性花是一朵花中只有雄蕊或只有雌蕊，只有雄蕊的花称雄花，只有雌蕊的花称雌花，雄花和雌花生于同一植株上。无论如何，雄蕊和雌蕊都不远，授粉无须冒太大的风险！

还有些剑走偏锋的单性花是雌雄异株：雌花和雄花分别生在同一种植物的两棵植株上。这样就必须进行异花传粉了，当然，风险也更大！

椈榆（*Ulmus campestris*）的雌雄同序花。粉色的柱头有着乳头状的凸起，用于捕获花粉。雄蕊已经干枯了。为了避免自花传粉，椈榆的雄蕊比雌蕊先成熟，进行异花传粉有利于保证基因的混合，繁衍生命力较强的后代。

欧洲野榆的花朵沿着柔软的树枝静静地开放。

虫媒传粉：虫子越多，植物越是子孙满堂！

虫媒传粉，就是以昆虫来传递花粉。这种传粉方式，需要多方共同努力，完成爱情的马拉松……

当昆虫作为传粉专家时，传粉成功概率较高，不过虫媒花的繁殖必须完全依赖虫媒的参与，若遇上非常业余的传粉昆虫，传粉成功率简直和风媒传粉不相上下……我们吃的水果依赖于虫媒传粉，因此传粉昆虫的存亡对果实的生长十分关键。除了家养蜜蜂是爱情的信使，还有许多昆虫同样承担此重任，如野蜂、蝴蝶、苍蝇、胡蜂、食蚜蝇、熊蜂、雄蜂、欧洲雄蜂、鞘翅目昆虫等，它们经常在无意间把雄蕊的花粉粒传到同一朵花的雌蕊柱头上，即自花传粉，或者传粉到另一朵花的雌蕊，即异花传粉。

当我们的衣服、头发等地方沾到花粉时，不知不觉也在传粉。但这种方法几乎没太大用处。一只小蜜蜂可以趴在花上采蜜，而人类却无法做到。

真正的策略家

为了吸引传递种子的信使，植物可谓穷尽浑身解数。甜蜜的花朵、花蜜、巨大花瓣上的适宜降落点、香味、信息素……总之，植物不遗余力地吸引虫子的到来。不过，享用这一切都是有代价的：天真的小虫子们自以为占了便宜，殊不知它们只是植物的奴隶。比如，欧洲荚蒾的可孕花较小且非常隐蔽，为了吸引传粉昆虫，小花的外围生长了许多大型不孕花。

VIP 昆虫！

昆虫是传粉界的 VIP 选手，非常重要！人类往往喜欢用货币来衡量事物的重要程度。2005 年，法国国家农业研究院和法国国家科学研究中心曾发布一个数据：每年，虫媒传粉为全球食品生产无私创造的价值达 1530 亿欧元。花朵和昆虫的长久合作伙伴关系非常重要，同时也非常脆弱。然而，人类非但不知恩图报，还采用农业自动化模式破坏环境、将动植物赶尽杀绝，让花虫之间的关系更是雪上加霜。

欧洲赤松的花。红色雌蕊生机勃勃地绽放于枝头，等待着花粉粒的降临。

绿色的松果在新旧枝头的连接处慢慢生长。松树的授粉过程十分缓慢：在授粉后，花粉粒被储存起来，一年后花粉与雌花才结合受精！

欧洲荚蒾（*Viburnum opulus*）的花序。四周的不孕花非常显眼，吸引着昆虫来到中间隐蔽的可孕花，以利用它们传粉。

一只蜜蜂在欧洲荚蒾的可孕花上大快朵颐，忙着采蜜和收集花粉。

欧洲甜樱桃树（*Prunus avium*）的花。花朵的结构呈有规律的圆圈状，围绕着中心生长（萼片——花瓣——雄蕊——中心的雌蕊），虫媒花的这一规律结构非常稳定。

无拘无束的性别

人们总是对生活中这样或那样“不符合自然常规”的事议论纷纷，比如 LGBT 群体的性倾向、性别认同、性身份或性行为等。事实上，大自然远比人类的伦理道德更富有想象力、创造力和灵活性。多亏了丰富多彩的大自然，生物多样性才得以保证。讽刺的是，又正是同样的一批人在鼓吹尊崇自然。

树木的性别可以是雄性、雌性或雌雄同体，有些树木甚至雌雄同株，比如欧洲白蜡树。雌雄同株让繁殖变得高效，并更赏心悦目。

白柳（*Salix alba*）雄花序的放大图。雄蕊开始释放出成千上万的花粉粒。

花粉，侦探的得力助手！

小小的花粉，可是警察破案的得力助手！孢粉学是研究植物的孢子和花粉的学科。自 2004 年起，法国国家宪兵刑事犯罪研究所利用花粉的研究在人、物、地之间建立了联系，为破案提供了有利的线索。

在 20 世纪 40 年代，花粉粒化石研究（古孢粉学）就开始应用于古生物学，化石孢粉的研究可以揭示远古气候的演化，由此推论未来的气候发展。

欧洲白蜡树（*Fraxinus excelsior*）的紧密花序。紫色的雄蕊非常显眼，然而雌蕊很难辨别。这是雌雄同序花。白蜡树进行自花传粉。

“想在这世间出人头地需要不懈努力，而我多么向往遗世独立！隐姓埋名，幸福安定……”

——让·彼埃尔·克拉利·德·弗洛里昂

看我七十二变！

如此，便可隐匿于世，怡然自得，保全自我。 # 多么美妙的生活

大自然的法则逃不出食物链：要么捕食，要么被捕食。总之，要尽可能地活久一点。为了避免成为猎物，也为了觅食，植物用尽了千方百计：苦味、臭味、毒素、尖刺、针叶等。动物同样也受此规则摆布，千百万年起，物竞天择、适者生存，动植物在竞争中进行复杂的共同进化。让我们一起来了解一些最常用的、教科书式的生存绝招：由拟态者、模拟对象和受骗者共同组成的拟态系统 *。

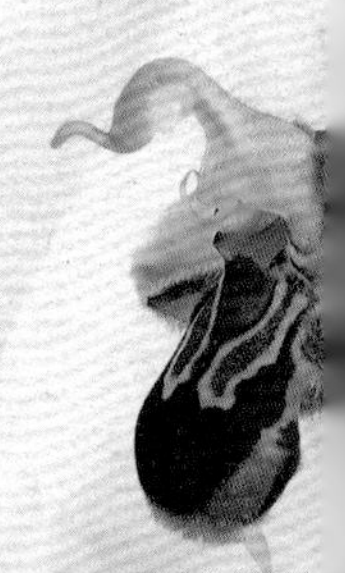

蜂兰模仿其虫媒的雌性，来诱惑雄性。

隐蔽拟态

隐蔽拟态是指在天敌面前，利用与环境相似的形状或者颜色来隐藏自己，即同形或同色。比如蚁蛩可以完美地与栖息的木头融为一体；白天，在树皮或树叶上打盹的飞蛾总是难以被发现，如裳夜蛾和尺蛾，只有它们因受惊而逃离时，我们才会发现它们的踪迹。

另外，除了昆虫，许多鱼类也有保护色。关于同形，其中的典型例子是和树叶非常相似的钩粉蝶以及与枯叶几乎一模一样的枯叶蛾。还有伪装高手圆掌舟蛾（*Phalera bucephala*），它们和桦树枝几乎真假难辨。

然而，拟态的作用不仅仅是在天敌面前保护自己。

黑带二尾舟蛾（*Cerura vinula*）幼虫的末端有可以伸缩的红色尾须。

蟹蛛科蜘蛛可以保持不动，和植物颜色融为一体，等待着猎物的到来。蝴蝶的蛹通常与叶子和树枝很相似。孔雀蛾（*Saturnia pyri*）或黑带二尾舟蛾（*Cerura vinula*）等一些飞蛾的蛹，在土里或在坚硬的拟态蛹里过冬。黑带二尾舟蛾的蛹将唾液和树皮混合用以织茧，因此茧不仅如木头一般坚固，其外表和木头也非常相似。

这是一块树皮。仔细看！你发现了什么？

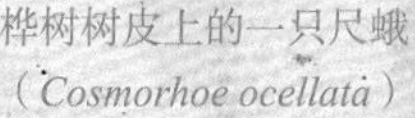

桦树树皮上的一只尺蛾（*Cosmorhoe ocellata*）。

*模拟对象可以是矿物基层和动植物。拟态者是尽力模仿模拟对象的动植物；受骗者多是拟态者的天敌，被拟态者所欺骗。

超级变变变!

保护色和伪装：一些昆虫的幼虫，比如毛翅目的幼虫，用带有保护色的外壳隐藏和保护自己。乌贼和章鱼可以迅速根据环境改变其外表，它们可以迅速改变颜色以震慑或迷惑天敌，随后顺利逃生，或者改变外表以模仿身处的环境，真是名副其实的隐身斗篷！

圆掌舟蛾（*Phalera bucephala*）和桦树的小枝头完美地融为一体。

拟态

拟态有非常多的形式，也有很多复杂的名称，我无法在此一一列举，就说说以下最常见的几种吧。

黄斑食蚜蝇（*Xanthogramma*），外貌似胡蜂。

贝氏拟态

贝氏拟态指的是可食性物种模仿另一种不够美味的、或完全不可食、甚至带有毒液的物种。模拟对象通常拥有非常显眼的警戒色*以发出强烈的信号，因此，拟态者可以用此恐吓天敌，快速传达信息。这种拟态并不是为了隐藏自己，而要展示自己！鲜艳的颜色是毒性的信号，它们往往在拟态者的翅膀和身上出现。如透翅蛾（因长得像蜂，多有明亮的黄红色斑，也被称为黄蜂蛾），还有食蚜蝇等飞蛾，外貌和胡蜂非常相似。

钩粉蝶逼真地模仿树叶。

* 警戒色

警戒色是啥？是某种数学题吗①？不不不，警戒色是指用来警告天敌的鲜艳花纹、图案和颜色，像是不断发出警告："别碰我，我有毒！"瓢虫、鹅膏菌和始红蝽的红色，还有胡蜂的黄底黑条纹裙子，都是典型的警戒色。警戒色往往非常有效！例如，大多数人看到黑黄相间的食蚜蝇都感到害怕，只因将其错认成胡蜂。

① 译者注：在法语中，"警戒色（aposématique）"和"数学（mathématique）"词尾相同。

当蛱蝶收起翅膀一动不动时，形状与落叶一模一样，是同形拟态；当它们在树干上过冬时，其颜色和树干表面融为一体，是同色拟态；当它们张开翅膀时，大大的眼状斑仿佛巨兽之眼，恫吓着天敌，是自拟态。

德国黄胡蜂（*Vespula germanica*）。

五星灯蛾（*Zygaena trifolii*）。
虞美人。
“土地测量员”①——尺蛾科（Geometridae）是鳞翅目昆虫，其幼虫栖息在枝头保持不动时，活像一根枝杈。

有时，两种具有警戒色的有毒物种互相模拟，这就是米勒氏拟态。在法国，我家乡的斑蛾，以及远在热带美洲的蝎尾蕉都和同种类互相模仿。粉蝶也会模仿蝎尾蕉属，这就属于贝茨氏拟态。生物的共同进化非常复杂微妙，难以解释。

以假乱真

植物同样用伪装的伎俩来吸引雄性昆虫，比如兰花的唇瓣模仿雌性的膜翅目昆虫，被迷惑的雄性就会满心欢喜前来交配，不料想却变成了传粉的“工具蜂”！和蜘蛛相似的晚蛛兰、和蜜蜂相似的蜂兰也是典型的例子。杜鹃的产卵方式是巢寄生，它们将卵产在其他鸟类的巢中，寄生卵的颜色和花纹往往与宿主鸟的卵相似，以便迷惑“养父母”。

进攻性拟态较为少见，即拟态者为了引诱猎物释放一些短暂的信号：如女巫萤属（*Photuris*）萤火虫模仿其他雄性萤火虫的闪烁反应，引诱该物种的雌性上钩，以便捕杀。这个办法有点阴险，但却十分高效。此类拟态没有其他拟态这么遮遮掩掩，却也不怎么光明磊落！

模仿风的轨迹

模仿风，听起来像是政客夸夸其谈的环保措施，如一阵风刮过丝毫不见结果。实际上，这是动物非常完善的拟态技术，比如竹节虫、螳螂和变色龙等动物，在起风时，动物在变形和变色的同时，还会竭力保持着与周围的树枝和叶片起伏一致的律动，以掩盖自己，迷惑天敌。

这是一条蛇！？其实这是东南亚的美凤蝶（*Papilio memnon*）幼虫，典型的贝氏拟态！

① 译者注：法语中，“尺蛾科（geometridae）”和“土地测量员（géomètre）”词形相近，把尺蛾比喻成土地测量员，也和中文名字中的“尺子”异曲同工。

线灰蝶（*Thecla betulae*）翅膀的小尾巴有一对眼状斑可充当诱饵，如果诱饵还在，说明还没有鸟儿上钩……

蝉（*Cicada orni*）可以在你眼皮底下聒噪地鸣叫一整个夏天，而你一直都不知道它在哪里……

幽灵螳螂（*Phyllocrania paradoxa*）在非洲大陆和岛屿出没。看上去像一片、甚至好几片叶子。
同形拟态的例子。
一条通向花蜜的小路，铺满了玫瑰色的斑点。
一些兰科植物，如紫花红门兰，精心准备了毛茸茸的跑道，模仿蜂类的体毛，以便让来访的雄蜂抓牢，产生交配的触觉，诱导它们到正确的位置进行传粉。
别再模仿我了！
蜜蜂之路？②

自拟态

自拟态就像是为了跟风而买了和邻居一样的豪车①吗？当然不是了！动物的自拟态指的是一种动物身上某部分对其他部分的拟态，或者对别的动物身上的某部分的拟态。比如有的毛毛虫的屁股上像长了一对眼睛，头上像长了一只角；还有的蝴蝶翅膀有巨大的眼状斑，如猫头鹰蝴蝶（*Caligo eurilochus*）、蛱蝶、大孔雀蛾（*Saturnia pyri*）、小皇帝蛾（*Saturnia pavonia*）等。

为了抵御天敌的攻击，一些蝴蝶也采用自拟态，其不太重要的部位的颜色十分显眼，模仿着眼睛和触角，如金凤蝶。如果你发现金凤蝶、旖凤蝶和线灰蝶的尾巴不见了，极有可能因为鸟被它们鲜艳的尾巴所迷惑，啄食了它们的尾巴，却放跑了真正的猎物！总之，很多物种的外表可能是多种拟态的混合体。万千选择，为其所用！

---

① 译者注：此处为双关，法语单词“自拟态（Automimétisme）”由“Auto（自己的）”和“mimétisme（模仿）”组成。“auto”常代指汽车，因此双关含义“模仿汽车”。

② 译者注：在法语中，“蜜蜂（abeille）”的发音和“abbey”相近，此处插图模仿了英国摇滚乐队披头士的最后一张专辑《Abbey Road》的封面。专辑的封面照片在北伦敦的艾比路拍摄，这条小马路因此而闻名于世，该封面也成为历史上最具标志性的唱片封面之一，并被争相模仿，成为一种精神符号和文化信仰。

“我们必须承认：昆虫世界完全是雌性的世界，更确切地说是寡妇的世界。雄性只不过是个陪衬的角色……”

——贝纳尔·韦尔贝，《蚂蚁》

它（们）的欲望

是的，昆虫也有情人节！

大自然中有两件头等大事：觅食和繁衍。有些昆虫只在幼虫阶段进食，因为成虫没有口器。不能觅食了，因此所有的精力只能用于……

交配的“硬件”

通常，雄性的腹部有一对睾丸。有些更原始的昆虫只有一个睾丸。一些鳞翅目昆虫在幼虫时期，睾丸就会合二为一。所有雄性昆虫都有插入器，因为要把精子输送到目的地。

雌性昆虫有一对卵巢、生殖道出口处的附腺、侧输卵管以及一个或多个受精囊。根据种类的不同，卵巢排出卵子的数量也不同。

红喙花萤（*Rhagonycha fulva*）。它们的交配非常费劲。

♀

♂

持久的爱情

昆虫的交配时长与它们的大小成反比。实际上昆虫都很小，可以保持数小时的交配状态，同时上天下地，随心所欲：在地面、植物中边走边交配，甚至飞行时交配（如蜻蜓、库蚊等）。它们还可以发现数公里以外的异性，根本不用靠5G信号联络！信息素、颜色、生物发光、唱歌、跳舞、送礼物……昆虫和人类一样拥有各种求偶法宝，它们追逐爱情、相互吸引，穷极一生只为一个目的：传宗接代，生生不息。

交配

这完全是个技术问题……

虽然贮精囊和银行听起来风马牛不相及，但授精确实和转账汇款有相似之处——精子被存在一个贮精囊里，适时被转向雌性的性器官——这是许多直翅目昆虫的交配方式。而雌性为了让雄性释放贮精囊中的精子并将其吸收，也会使出浑身解数。

草地褐蝶（*Maniola jurtina*）。蝴蝶背靠背交配。确切地说，是腹部最后一节对在一起。

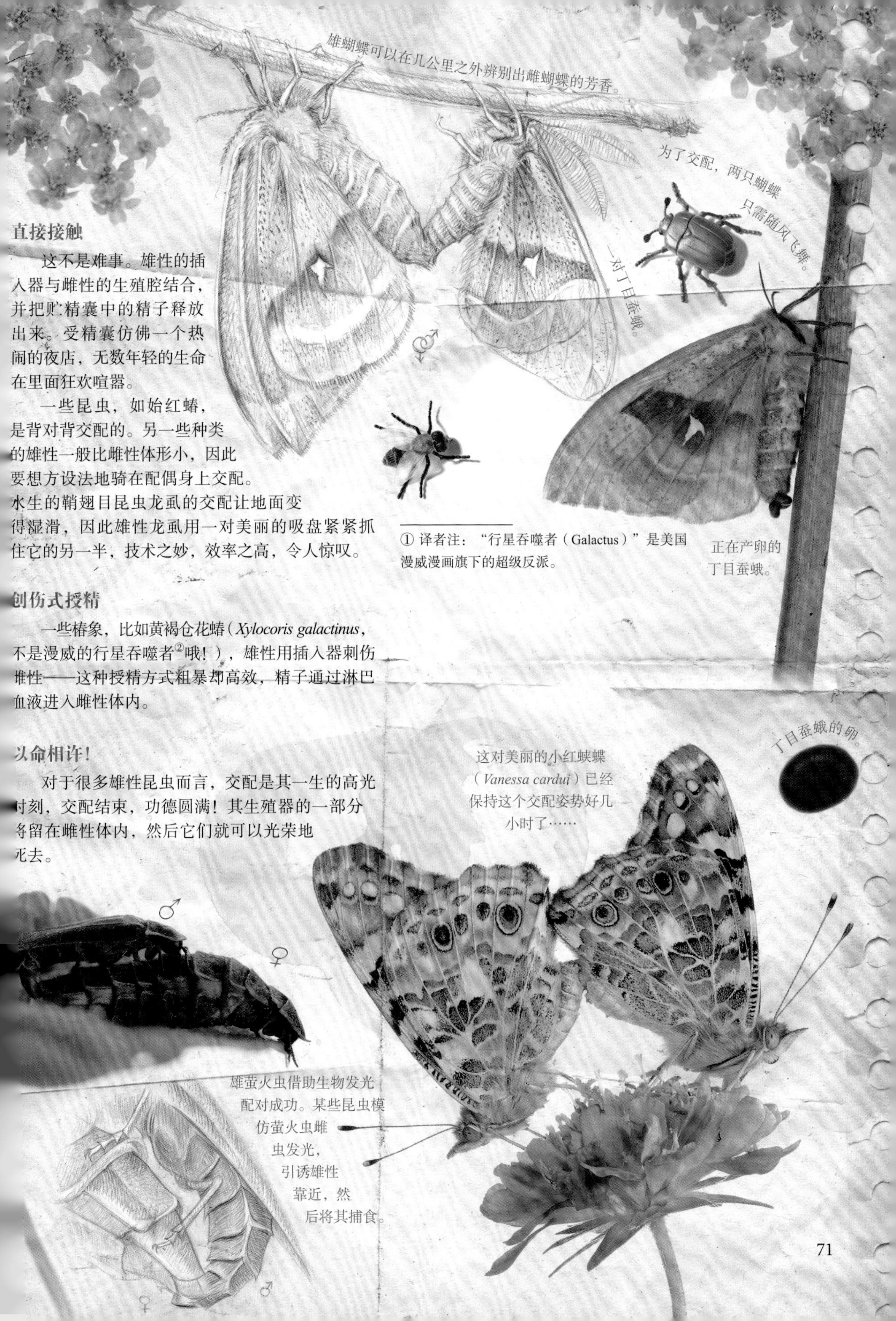

雄蝴蝶可以在几公里之外辨别出雌蝴蝶的芳香。
为了交配，两只蝴蝶只需随风飞舞。
一对丁目蚕蛾。
正在产卵的丁目蚕蛾。
丁目蚕蛾的卵。
这对美丽的小红蛱蝶（*Vanessa cardui*）已经保持这个交配姿势好几小时了……
雄萤火虫借助生物发光配对成功。某些昆虫模仿萤火虫雌虫发光，引诱雄性靠近，然后将其捕食。

直接接触

这不是难事。雄性的插入器与雌性的生殖腔结合，并把贮精囊中的精子释放出来。受精囊仿佛一个热闹的夜店，无数年轻的生命在里面狂欢喧嚣。

一些昆虫，如始红蝽，是背对背交配的。另一些种类的雄性一般比雌性体形小，因此要想方设法地骑在配偶身上交配。水生的鞘翅目昆虫龙虱的交配让地面变得湿滑，因此雄性龙虱用一对美丽的吸盘紧紧抓住它的另一半，技术之妙，效率之高，令人惊叹。

创伤式授精

一些椿象，比如黄褐仓花蝽（*Xylocoris galactinus*，不是漫威的行星吞噬者[2]哦！），雄性用插入器刺伤雌性——这种授精方式粗暴却高效，精子通过淋巴血液进入雌性体内。

以命相许！

对于很多雄性昆虫而言，交配是其一生的高光时刻，交配结束，功德圆满！其生殖器的一部分将留在雌性体内，然后它们就可以光荣地死去。

① 译者注：“行星吞噬者（Galactus）”是美国漫威漫画旗下的超级反派。

雄蜂即使不交配，也会饿死，因为它们已经没有价值，不会再被喂食。雄性蝴蝶交配时，生殖器的一部分会被拔掉，这也是司空见惯的情况……

有时，雄性还会变成雌性的饱腹佳肴，贪吃的雌性甚至等不到交配结束。

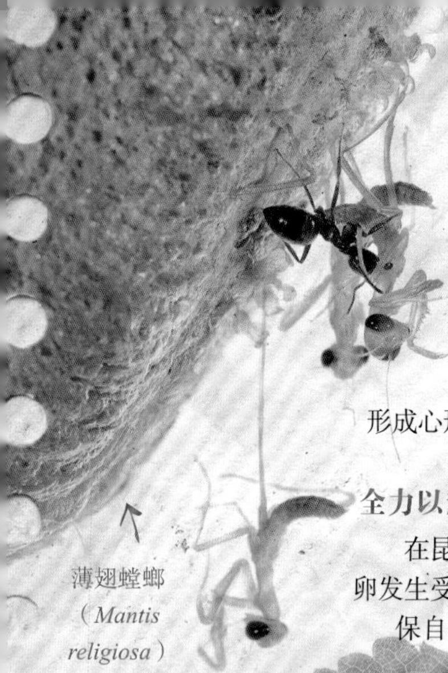

多样选择，为我所用！

雌雄豆娘的生殖器不在同一个地方，为了顺利交配，雄豆娘有两个生殖器。雄豆娘的第二生殖器在腹部第二节，通过弯转腹部，将腹部末端生殖孔的精子排入第二生殖器。在豆娘交配形成心形环时，再将精子排入雌豆娘的受精囊中。

全力以赴，只为当爹

在昆虫界，一妻多夫制是很正常的。在雌虫的受精囊中，当受精卵发生受精作用时，来自不同雄性的精子进入了角逐的赛道。为了确保自己能成为父亲，某些种类的雄蜻蜓在交配时会紧紧抓住雌蜻蜓，直到产卵开始才舍得放开。蜻蜓的交配总是如此别致！

并不都是卵……

卵生繁殖的雌性昆虫用受精卵的形式产下后代，受精卵将独自发育成熟。

卵胎生是指幼体在卵内发育，靠卵内的养分生长，卵在母体内发育成熟后才产出母体的生殖方式（某些苍蝇用此方式产卵）。卵胎生幼虫往往身体健壮。

胎生动物（如蚜虫）的受精卵在体内进行胚胎发育，幼体在母体内发育到一定阶段以后才脱离母体，形成独立的生命。

薄翅螳螂（*Mantis religiosa*）在卵鞘中产卵。卵鞘是一种膨胀的泡沫状物质，在接触空气后变硬，可对卵起到保护作用。

双翅目（*Diptera*）舞虻科（*Empidid*...）

舞虻有着长长的爪子，为了交配，雄性为雌性双手献礼——只死...

以彩礼换交配……

雄舞虻
雌舞虻
"礼物"

始红蝽。

一般而言，昆虫的交配持续时间较短。然而有些昆虫可缠绵数小时，甚至超过一整天！

我要的是苍蝇，不是勺子①！！
啪！

在交配后，雌沫蝉产卵，并用泡沫状的黏液保护卵。

人们常常会错误地将成虫的寿命等同于昆虫的一生。实际上即使成虫的存活时间和繁殖期如昙花一现，仅有数日，但其（水生）幼虫期却平均长达3年。

小皇帝蛾（*Saturnia pavoniella*）的卵。

① 译者注：法语中，“苍蝇（mouche）”和“勺子（louche）”发音相近。

迷迭香甲虫（*Chrysolina americana*）

孤雌生殖：竹节虫、粉虱、某些直翅目昆虫等，不用通过受精作用便可独自产下胚胎。真了不起！即使经过成千上万年的努力，也没有一个人类能完成如此壮举！我们应该感到遗憾，还是庆幸？毕竟全球人口已超过了70亿……

总之，昆虫身怀绝技是众所周知的，但我们仍然知之甚少！

让我们一起期待下一个春天的到来，去水边见证它们令人惊叹的、“诗情画意”的、引人入胜的爱情。

长叶异痣蟌围成的心形交配环。沐浴在爱情中，有翅膀的蜻蜓更甚……

一对石南花飞蛾在虞美人上优雅地交配。

法国昆虫及其生活环境协会（OPIE）负责饲养的前主管人、我的朋友鲁多曾说过：“在交配过后，雄灰蝶总是需要一点时间来收起剧烈运动后的器官。”

交配中的普蓝眼灰蝶。

“蜥蜴一生总要经历断尾。人到中年也是如此。”

——塞缪尔·巴特勒，《记事本》

普通壁蜥

日光浴之王

Podarcis muralis (Laurenti, 1768)

雌性蜥蜴身长最多18厘米，尾巴相对较短。雄性蜥蜴身长最多20厘米。无论雌雄，为了保命，蜥蜴都会毫不犹豫地自断尾巴。
哈哈哈！
很好笑吗？！
哈哈！

燥热的午后，当你在躺椅上休憩，小酌着手里无酒精的鸡尾酒*，浑身放松，怡然自得时，突然，一只奇怪的小动物沿墙而攀，如闪电般！说时迟，那时快，你的猫踩着你的头一跃而上，奋力追踪这个不速之客，然后泄气地跌落在你无辜的马蹄纹天竺葵上。莫非是一只蜥蜴？猫爪中，棕色鳞片覆盖的半截尾巴在不停地跳动……果然，我就知道花园里一定有“恐龙”！

*酒精有害健康。为了长命百岁，请少喝酒！

蜥蜴长长的“手”上有坚利的爪子，是个攀岩健将。

蜥蜴的形态千差万别，从棕色、暗绿色到灰色，多彩多姿。

仔蜥食性十分广泛，喜欢吃蜘蛛等无脊椎动物。

小蜥蜴，“大神龙”

蜥蜴灵活敏捷，然而它们在无处藏身时也同样危机四伏。当它保持不动时，会运用拟态与环境融为一体。其“手”上有利爪，尾巴仿佛是杂技演员的平衡棒，若尾巴还健在，可用于在上蹿下跳时保持平衡。作为攀岩高手，蜥蜴可毫不费劲地爬上各种垂直的陡坡：树木、墙壁、矮墙、岩壁等，还可以瞬间隐身于石堆中。它可以与人类同住在一个屋檐下，在建筑物中轻松寻得藏身之地；也可以自由地在野外呼吸，只要阳光充足，有藏身之所。作为多形态的动物，蜥蜴的颜色多变，尤其是雄性的腹部皮肤。

天敌无数

蜥蜴的天敌种类繁多，诸如鸟类、刺猬、蛇等脊椎动物。当蜥蜴在人类的住所安家时，家猫一定是它们最大的噩梦。

啊！美味的蛋白质

“白日猎手”蜥蜴主要以昆虫和蜘蛛为食，同时也不放过任何一条蚯蚓！速度是其捕食的杀手锏，它们还有敏锐的听觉和锐利的视觉。蜥蜴常常光顾花园，因为那里四处都是它们的美味佳肴！

面对家猫等天敌，走为上策！

♂

长长的诱饵!

雄性蜥蜴身长 20 多厘米，且身体的 2/3 几乎都是尾巴。啊……它的尾巴真长啊!

自截再生

自截是什么？自截是令人叹为观止的自我保护技能，蜥蜴等爬行动物和一些无脊椎动物在遭遇敌害时，常常把身体上（不太重要的）一个部分断掉，随后逃之夭夭。蜥蜴的某些尾椎骨并不是互相连接的，它的尾巴由许多特殊软骨横隔连接而成。在受到刺激时，可通过尾部肌肉强烈收缩而将横隔构造断开。失去的尾巴可以重生，而被遗弃的尾巴仍然保持着扭动，以吸引天敌的注意力，迷惑天敌。煮熟的鸭子飞了！咦，明明抓住了呀，哪去了？

蜕皮!

蜥蜴和蛇不同，蛇一般是将皮整体蜕下，而蜥蜴类则是一片片地蜕皮，和拼图游戏真是异曲同工！与年长的蜥蜴相比，年轻的蜥蜴蜕皮更频繁。蜥蜴的平均寿命为 4 ～ 6 年。在蜕皮期，蜥蜴活动较少，更容易暴露在天敌前。总之，为了永葆青春，蜥蜴可以不停地换下老化的皮肤，着实令人羡慕。

咬牙切齿的爱情

在求偶的激烈角逐中，雄蜥蜴们经常会大打出手。败者仓皇逃窜，胜者奔赴所爱，雄蜥蜴会咬住雌蜥蜴的尾巴——当然，是轻轻地咬住！随后，雌蜥蜴保持不动，雄蜥蜴逐渐攀爬至雌蜥蜴上方，抓住其身体上部。蜥蜴柔韧性极强，雄蜥蜴将性器官伸入雌蜥蜴的泄殖孔以授精。交配过后，双方立刻各自奔忙!

每一次蜥蜴断尾保命时，它的性器官都安然无恙，令人不得不感叹："大自然对分寸的拿捏真是精准至极啊！"

在交配时，雄蜥蜴攀在雌蜥蜴身上，压住其脖子，防止其逃走。

多变的产卵

根据环境条件的不同，雌蜥蜴一年可以产卵 1 ～ 3 次，每次产卵 2 ～ 10 个。刚出生的仔蜥死亡率非常高，仅有 10% 的仔蜥可以活过 3 年。作为冷漠无能的父母，蜥蜴根本不关心它们的卵，更不要说仔蜥了。仔蜥从出生起就独立生活，这也是它们死亡率非常高的原因。

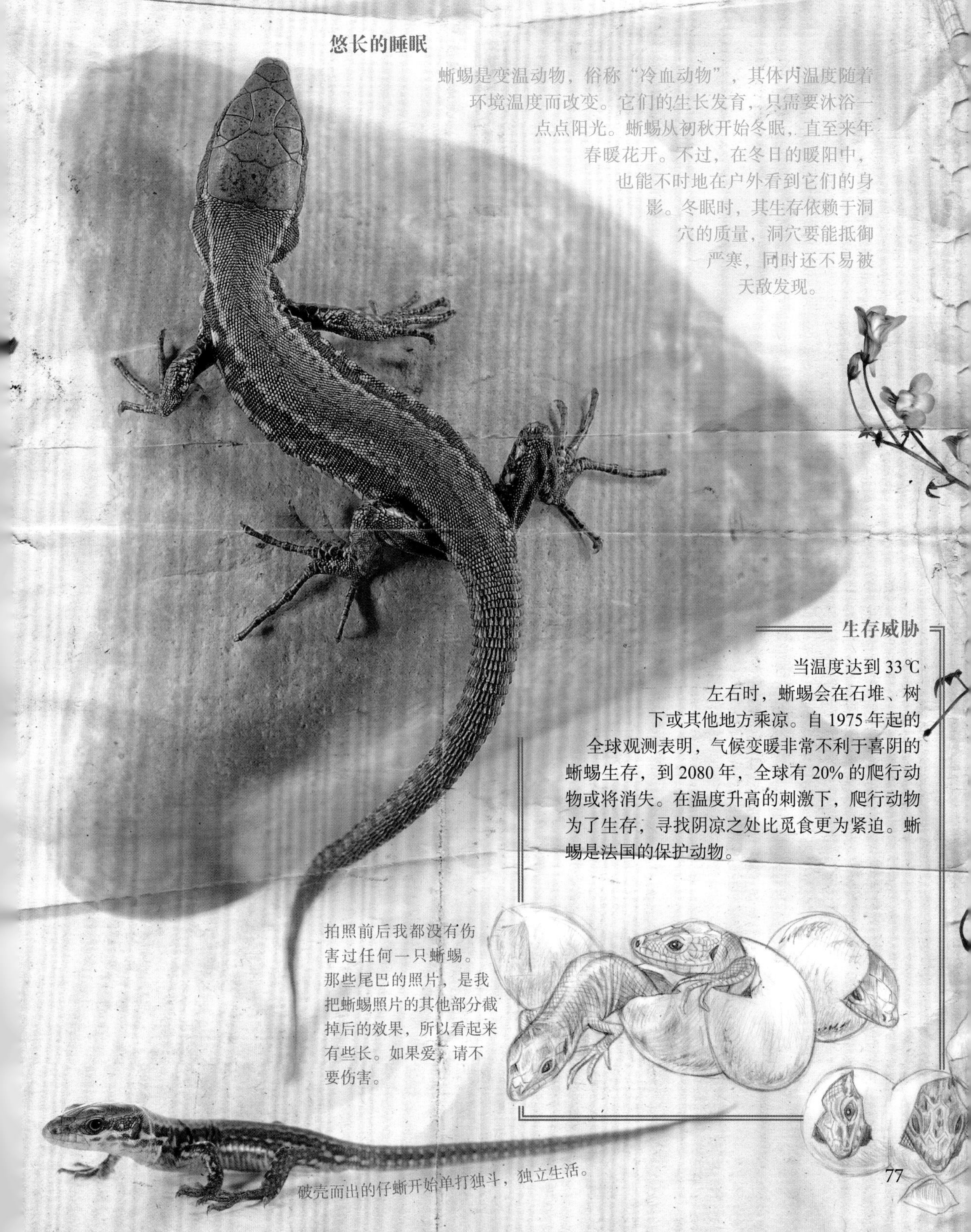

悠长的睡眠

蜥蜴是变温动物，俗称"冷血动物"，其体内温度随着环境温度而改变。它们的生长发育，只需要沐浴一点点阳光。蜥蜴从初秋开始冬眠，直至来年春暖花开。不过，在冬日的暖阳中，也能不时地在户外看到它们的身影。冬眠时，其生存依赖于洞穴的质量，洞穴要能抵御严寒，同时还不易被天敌发现。

生存威胁

当温度达到 33℃左右时，蜥蜴会在石堆、树下或其他地方乘凉。自 1975 年起的全球观测表明，气候变暖非常不利于喜阴的蜥蜴生存，到 2080 年，全球有 20% 的爬行动物或将消失。在温度升高的刺激下，爬行动物为了生存，寻找阴凉之处比觅食更为紧迫。蜥蜴是法国的保护动物。

拍照前后我都没有伤害过任何一只蜥蜴。那些尾巴的照片，是我把蜥蜴照片的其他部分截掉后的效果，所以看起来有些长。如果爱，请不要伤害。

破壳而出的仔蜥开始单打独斗，独立生活。

“这是什么？我答道：这是一只蜻蜓，透明的飞行昆虫，在天地间优雅自如地穿行，安然自得，逍遥自在。”

——克里斯提昂·博班，《暖气片的自画像》

基斑蜻

先锋蜻蜓

Libellula depressa (Linnæus, 1758)

♀
我是唯一一种翅膀根部有棕色色斑的蜻蜓。
不过，和很多蜻蜓一样，我的腹部两侧有月牙状黄色斑带。
摄于五月，路边的林中空地。

若你想在水边找到基斑蜻，请保持耐心，因为大多数时候，这种美丽的蜻蜓都栖息于高高的树枝，或在林间腹地伺机捕食。基斑蜻学名为*Libellula depressa*[①]，名字的由来并非因为它的心情阴晴不定，或患上了抑郁症，而是因为其腹部扁平宽阔的形状！所以，观赏这种“忧伤蜻蜓”后不需要心理治疗，更不用吃抗抑郁的盐酸氟西汀，美丽的基斑蜻只会让我感到心情愉悦，想要展翅飞翔！

① 译者注：“*Libellula depressa*”为拉丁语，“*Libellula*”意为“蜻蜓”，“*depressa*”意为“忧伤的”或“扁平的”。此处取后者意思。

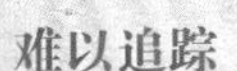

难以追踪

我想拍几张基斑蜻翅膀的照片，但是太难了，基斑蜻几乎无时无刻不在飞行，要想拍到基斑蜻，最简单的方法是去找它们栖息的树枝。和所有的蜻蜓一样，捕猎老手基斑蜻常常栖在其地盘里一些固定的树枝上。因此，为了捕捉它们的身影，只能聚精会神地用眼睛追随它们，记住它们去的每一个枝头，然后挑选其中一个，“守枝待蜻”！

水的女儿

作为其生物群落的纯净性和丰富性的“指示性昆虫”，蜻蜓生活依赖于高质量的水域。水对蜻蜓稚虫的生长非常重要，基斑蜻的栖息地通常是水边。其生活的水域多种多样，包括池塘、平缓的河流、沼泽、沟渠、水池等。基斑蜻最喜欢栖息于植物的顶尖。

不合群的领地意识

基斑蜻青睐处女地，常常为了开辟新大陆而四处飞行。它们在林边、小树林、林中空地、草地、花园随处可见，是勇于占领新领土的开拓者。但是，一旦水生植物开始生长，或者其他蜻蜓来到此地，基斑蜻的数量会减少，并开始转移阵地。

另一种蜻蜓——狩猎蜻蜓更加常见，我们常常将其与基斑蜻混淆。雄基斑蜻双眼为栗色，腹部扁平宽阔，两侧有月牙状的黄色斑带。基斑蜻常常于栖息领地中，巡视飞行，驱赶其他雄蜻蜓。而雄性狩猎蜻蜓眼睛为蓝色，腹部无黄斑，比基斑蜻更细小。基斑蜻的翅膀根部有深色的斑点，非常美丽，像是翅膀的倒像，真是大自然鬼斧神工般的创造。

我的前翅和蓝色的眼睛都没有色斑，我是狩猎蜻蜓（*Libellula fulva*）。

巡航速度

跟踪基斑蜻耗费了我很多体力。它们喜阳，且飞行速度快，可以以每小时 25 公里的速度飞好几个小时！相信你一定看到过它们在湖边飞行，或栖在河岸的枝头。

性基斑蜻浑身都是栗色的。

神仙眷侣

基斑蜻只在飞行中交配。雄性用肛附器紧紧抓住雌性的颈部，以结伴飞行。因此，它们可以毫无障碍地一边飞行，一边结成心形交配环。

扁平宽阔的腹部

♂

第3~9节的背甲一侧有黄色斑点

♂

在地面结成心形环？不，基斑蜻都是一直在飞的！

其他种类的蜻蜓时常会在飞行间隙停落在地面或枝头小憩片刻，而基斑蜻的交配仅在空中隐蔽地、在半分钟内迅速完成。如果你竖起耳朵仔细听，会听到在头顶上寻欢作乐的蜻蜓扇动翅膀的沙沙声。基斑蜻的飞行几乎永不停歇，这样也降低了被袭击的可能性。

飞行产卵

雌基斑蜻用腹部贴近水面飞行产卵，期间会多次点水，平均可产下 80 个卵。持续飞行，迅速点水产卵，有利于防止自己被鱼和青蛙捕食。但对于摄影师来说，想拍到产卵的照片就更是难上加难了。

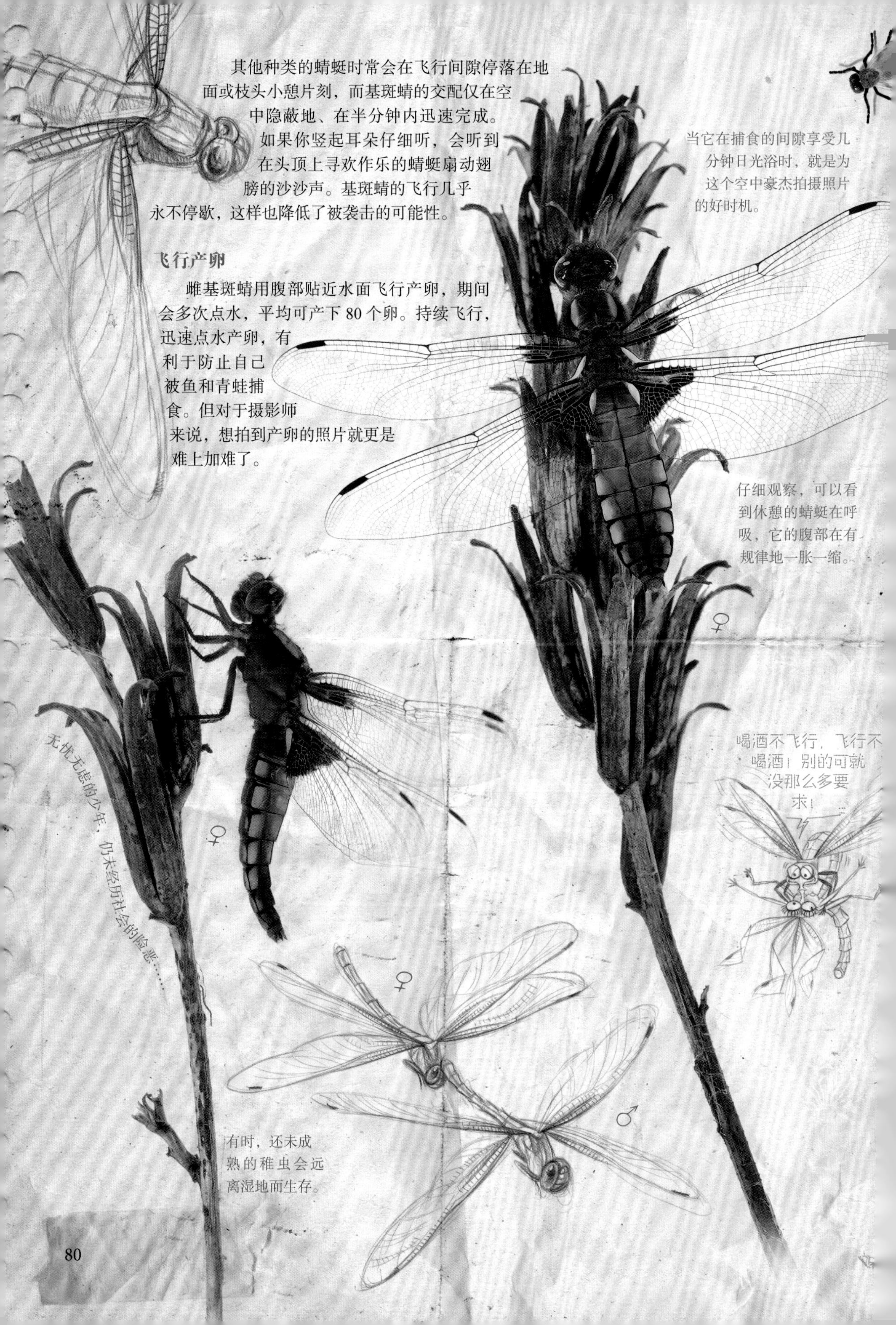

当它在捕食的间隙享受几分钟日光浴时，就是为这个空中豪杰拍摄照片的好时机。
仔细观察，可以看到休憩的蜻蜓在呼吸，它的腹部在有规律地一胀一缩。
♀
喝酒不飞行，飞行不喝酒！别的可就没那么多要求！
无忧无虑的少年，仍未经历社会的险恶……
♀
♀
♂
有时，还未成熟的稚虫会远离湿地而生存。

从稚虫到蜻蜓!

在雌蜻蜓产卵后，卵的孵化需 1 ～ 5 周。稚虫期的时间长短取决于气象和环境条件，有的非常短，仅仅 3 ～ 4 个月，但要在冬天过后才开始羽化；有的稚虫期长达 1 ～ 2 年。在干旱时期，稚虫甚至可以钻进湿润的土地过冬，或者穿过坚实的土地寻找新的水域！在这一水生时期，稚虫是肉食动物，小虫、新生的小鱼和小蝌蚪都是它的猎物。同时，它们自身也有被捕食的危险，尤其要提防被鱼吃掉。

每年 4 ～ 9 月，基斑蜻最为活跃。经过 11 ～ 14 次不等的蜕皮后，稚虫爬出水面，羽化成成虫。十几天后，达到性成熟，随后是长达两个月的繁殖期。之后，那些身强力壮、终生劳碌的基斑蜻将进入平静安详的暮年期，在秋天到来时结束生命。

饕餮盛宴!

古人云：民以食为天！基斑蜻更是如此，为了保持体力，它们需要大量进食，因为猎物通常很小，所以它们需要多次捕食。基斑蜻是卓越的猎手，尽管其翼展不大（45 ～ 75 毫米），但飞行速度很快，并可以迅速改变飞行方向，仿佛一台稳固的捕猎飞行器，捕食成功率超过 80%。这也得益于它那一双敏锐而美丽的眼睛！不过，它也有唯一的天敌——鸟类。

摄于9月底。枝头上耄耋之年的雄蜻蜓已度过精彩纷呈的一生。它斑驳的翅膀仿佛在诉说其飘摇而充实的岁月。

栖息地：缓流或静止的水域及周边地区。

能亲眼看见蜻蜓交配不容易，因为一眨眼的工夫就结束了！

“虽然不及狐狸狡猾聪明，但刺猬通晓一个求生之道，正如俗话所说：只守不攻，伤于无形。”
——布封伯爵（原名乔治·路易·勒克莱克）

小刺猬　连环刺手！

Erinaceus europaeus (Linnæus, 1758)

刺猬是小小的夜行哺乳动物，食虫目，有着可爱的小脸蛋。这个温和的带刺“毛球”会在关键时刻锋芒毕露。刺猬的直系祖先在几百万年前已经出现，绵延不绝的生存是其高效的自我保护机制的最好证明。让我们一起来“刺探”这个小小刺球的奥秘吧！

当我蜷缩成一个球而只留眼睛在外时，我的全身瞬间就得到了保护……

优秀的鼻子！

刺猬的嗅觉非常灵敏，可以侦查到地下数厘米的猎物（如各种幼虫）的气味。作为食虫目动物，它的食谱还包括蜗牛、鼻涕虫和各种无脊椎动物。刺猬甚至还能通过鼻子来判断其他刺猬的性别。

夜幕下的行动

刺猬是个“夜猫子”，只在晚上“蓬头散发”地出动去觅食或者搬家，夜幕是其最好的保护色。虽然它看不清，但是灵敏的听觉和嗅觉可以弥补其视觉的缺陷。

一次三根

刺猬棘刺的生长过程一般是一次三根，以 18 个月为周期依次被替换。刺猬的棘刺可以移动，比如为了通过障碍或钻进洞里，刺可以收平。年轻的刺猬大约有 3000 根刺，成年刺猬有 5000 根，体积最大的刺猬可拥有 6000 根刺！

不止背着米卡多游戏棒[①]！

当你靠近这种小动物时，会发现这些刺之间有许多赶不走的“流浪汉”，这一片小天地仿佛一座熙熙攘攘的“刺猬方舟”，挤满了蜱螨目、壁虱、真菌和跳蚤，它们酷爱裸露的皮肤，在棘刺丛中欣欣向荣，自得其乐。幸亏跳蚤不喜欢人类，不过要当心壁虱！苍蝇喜欢在刺猬身上产卵，幼虫出生后便可以肆意啃食刺猬。

我的背上有一只壁虱在大快朵颐！

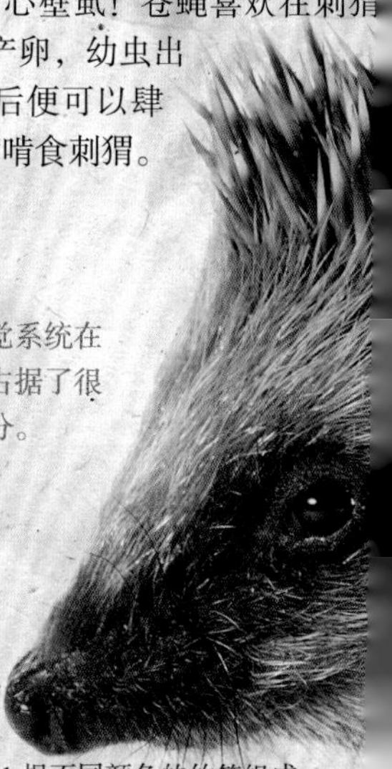

我的嗅觉系统在大脑中占据了很大一部分。

雄性和雌性都有短小的尾巴，长约3厘米，埋藏在棘刺中，很难被发现。

我的爪子不像看起来那么小，我只在奔跑时才会让它们露出真面目。

① 译者注：米卡多游戏棒（MIKADO SPIEL），游戏工具由 31 根不同颜色的竹签组成，游戏时需将竹签散落在桌上，杂乱无章似刺猬的背。

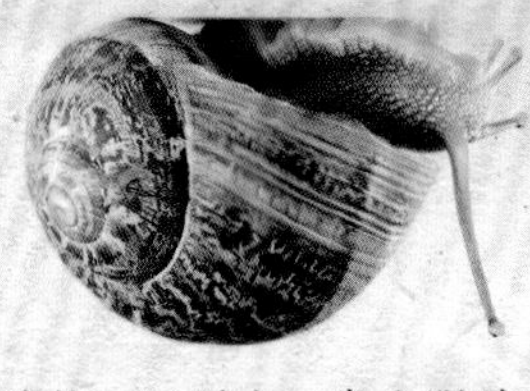

敌人来袭，收紧风衣！

在危急关头，刺猬会迅速蜷缩成球状，只露出口鼻和眼睛，同时收缩皮肌，像拉紧 K-Way 风衣[①]上的帽子一样收紧棘刺周围的皮肤，不让一寸肌肤暴露出来。刺猬可以毫不费劲地长时间保持此状态。

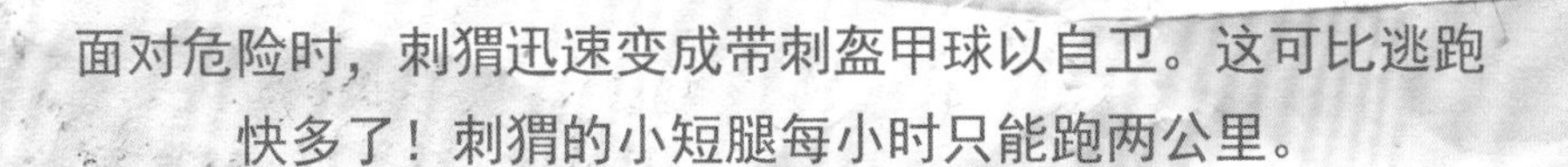

面对危险时，刺猬迅速变成带刺盔甲球以自卫。这可比逃跑快多了！刺猬的小短腿每小时只能跑两公里。

枯叶堆中寻踪迹

枯叶堆简直是刺猬的天堂。然而，人类高强度的耕作和杀虫剂、大型机械的使用，捣毁了刺猬的容身之地，让其无处可逃，只能远离田野。相对农村而言，刺猬更常在城市出没，如公园、树篱、菜园等。夏天乘凉，冬天赖床，很明显，小刺猬不怎么喜欢运动——与其四处乱窜，不如保存体力，休闲度日。

爱情之殇

虽然刺猬是雌雄异体，然而却雌雄难辨，必须把它们翻过来看看才能确定其性别。还是别折腾刺猬了，无论如何，雌雄刺猬能够轻易认出彼此，交配繁衍后代。在春天，刺猬寻觅伴侣，仅仅为了繁殖。雌雄相遇后，会上蹿下跳、聒噪不停，仿佛跳双人舞前要先通过气味熟悉彼此，相互信任。总之，这是大喜的日子！为了交配，雌刺猬放松四肢，将背上的刺收起来。同样浑身是刺的海胆在繁殖时却不需要接触，只需要在水中排放精子或卵子，任其自行结合形成受精卵。刺猬的交配可比海胆有意思多了！而且，它们交配时总是不安宁，非常吵闹！雄刺猬在交配的忘情时刻，可能会被其配偶的刺弄伤，后背痛就算不得什么了。真是名副其实的“危险的关系”[②]……

① 译者注：K-WAY，法国著名的户外品牌，是以经典、时尚、色彩丰富、功能性强、科技含量高和设计感强著称的全球顶级风雨衣品牌。

②译者注：《危险的关系》是法国作家拉克洛创作的长篇书信体小说。被纪德誉为十部法国最伟大的小说之一。

独行侠

激情褪去后，这对情侣便各奔东西，连短信和邮件都没有，完全形同陌路。雄刺猬将继续寻觅下一段艳遇，不过雌刺猬可不轻松了，6 周后它的巢穴将迎来一窝刺猬宝宝，一般小刺猬在 6 ～ 7 月诞生。一胎通常有 4 ～ 7 个幼崽，每个重 10 ～ 25 克，长约 6.5 厘米。出生的刺猬宝宝眼睛还看不清，全身光秃秃的，过一阵儿，它们才开始慢慢长刺（否则刺猬妈妈分娩时得多疼啊……）。刺猬妈妈会哺乳至宝宝们长牙，之后它们就开始离家独自觅食了。然而，几乎 2/3 的小刺猬第二年就夭折了。

晚餐时间到，我出来觅食了。

加油，快逃！

脂肪就是生命

人类身上的脂肪过多会容易生病，但对刺猬而言，囤积脂肪可是度过严冬的生存手段！刺猬会用落叶搭起一个精致的小窝，在里面温暖地度过刺骨的寒冬、躲避天敌的侵扰。但如果它们身上的脂肪不够了，那就只得出来觅食。

在冬眠之前，刺猬体重要达到 500 克，因为在这段无法进食的艰难日子里，它们每天都会“掉秤”2 克……

当白天的气温降至10℃以下时，
我要回家冬眠了。冬天谁也
别来烦我！

刺猬的肋骨间有宽阔的空间，这种骨骼结构让刺猬在蜷缩成球时仍可保持呼吸。

啊，好臭！

骂一个人口臭，可以用“臭狗嘴”“臭马嘴”，还可以用“臭刺猬嘴”！刺猬臭味的由来不得而知：莫非是用独特的气味来避免寄生虫的侵扰，或是为了吸引配偶？刺猬喜欢把各种臭臭的东西塞在嘴里反复咀嚼，然后把嚼出来的臭黏液涂在自己的刺上。

小贴士

刺猬一天有 18 个小时都在睡觉。如果你想烧掉花园里一堆落叶，请务必确认里面是否住着小刺猬。万一你的园里有小刺猬，请勿给们投喂面包和牛，这对它们不！它们更喜猫粮和狗，还有面虫。

该死的杀虫剂！

人们总觉得马路上的车辆是刺猬最大的天敌，然而导致刺猬死亡的原因中，杀虫剂是头号罪犯，尤其是花园里的杀虫剂，其次才是天敌。真是忍无可忍！

它们喜欢住在花园里，因此面临着割草机的灭顶之灾。它们也有可能掉进游泳池里，怕水的小刺猬会溺水身亡。

我要躲着刺猬，我太难了！

生物特征

身高：20 ～ 30 厘米

体重：450 ～ 700 克

寿命：2 ～ 3 年

在法国，自1981年起，刺猬被列为保护物种。

要是你偶遇一只受伤的刺猬，请把它带到救治中心吧。

我的食谱让我成为园丁的得力助手……蜗牛们，我来了！

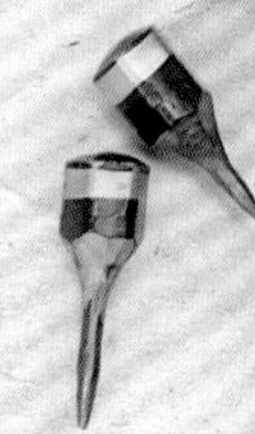

刺猬有36颗牙齿，只在夜间捕食，活动范围可达方圆几公里，方向感非常好。

“蜻蜓幽幽飞行，眼中千万纤影。塘水华丽纷扰，天地自有奥秘。”

——维克多·雨果，《光与影》

你的眼睛，又大又美丽！

冬去春来，我观察蜻蜓这个自然飞行器已有十余年光景。其实不需要花费这么多时间，你也能轻易发现，蜻蜓拥有比腹部还大的一对巨型眼睛，堪称觅食和防卫的利器。让我们来仔细看看这双美丽的眼睛吧！

巨大的复眼

在全世界的所有物种中，蜻蜓的眼睛占头部的比例是最高的。如果我们人类也拥有这个眼头比率，那我们的眼睛会比手还大，像我这种戴眼镜的人，如果镜片不小心摔出了裂缝，就得去“卡戈拉司”汽车挡风玻璃公司修镜片了，而且我的隐形眼镜会和碗一样大，可以用来喝汤。言归正传，和许多昆虫一样，带翅膀的小蜻蜓也拥有复眼，且复眼中有成千上万只小眼，最大的蜻蜓有 3 万只小眼。

小眼是什么呢？每个小眼上都有一个起保护作用的角膜，角膜下面覆盖着晶状体，再下面是晶锥体，透明的感杆束被长长的视网膜细胞包围。感杆束用以接收光线，底部的视神经感受光线。每只小眼都是独立的，小眼之间有色素细胞，斜射的光线被色素细胞吸收，不能被视神经感受。总之，每个小眼都是一个独立的眼。

♂
晶状体
晶锥体
视网膜细胞
感杆束
小眼
目标锁定，在前方50米处！
复眼由成千上万只小眼组成，仿佛乐高积木！
视神经

红眼蟌（*Erythromma najas*）。

全景视角

蜻蜓的视力范围 360° 无死角，因此很难吓到它们！实际上，每只小眼形成一个像点，众多小眼形成的像点拼合成一幅图像后，蜻蜓就可以实现全景视角。其眼睛的上半部分用来探测移动物体，下半部分用来观看静物。再加上极度灵活的头部，蜻蜓就拥有了一个实时飞行全景探测器，既可突然回转，又可直上云霄。

侦查目标

蜻蜓的捕食成功率极其惊人，几乎是百分之百！这种情况通常都可以通过科学进行解释。它们侦查移动和实时分析的能力一定是成功的法宝之一。

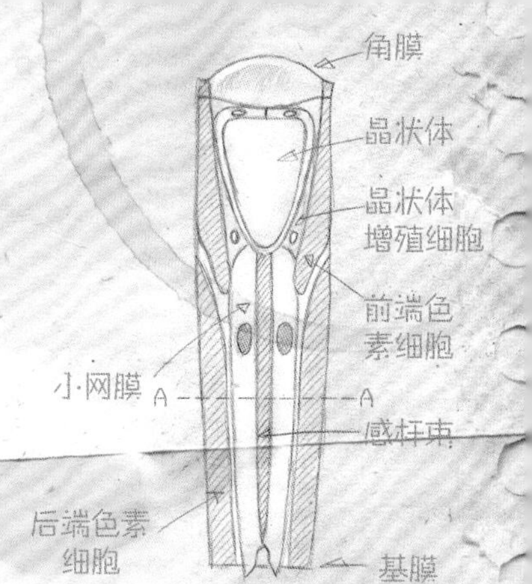

蜻蜓有一双大大的眼睛，其大小和高效的功能简直无与伦比。条斑赤蜻（*Sympetrum striolatum*）是差翅亚目。幸运的是它们视力非常好，否则如果要佩戴隐形眼镜，可能会倾家荡产。

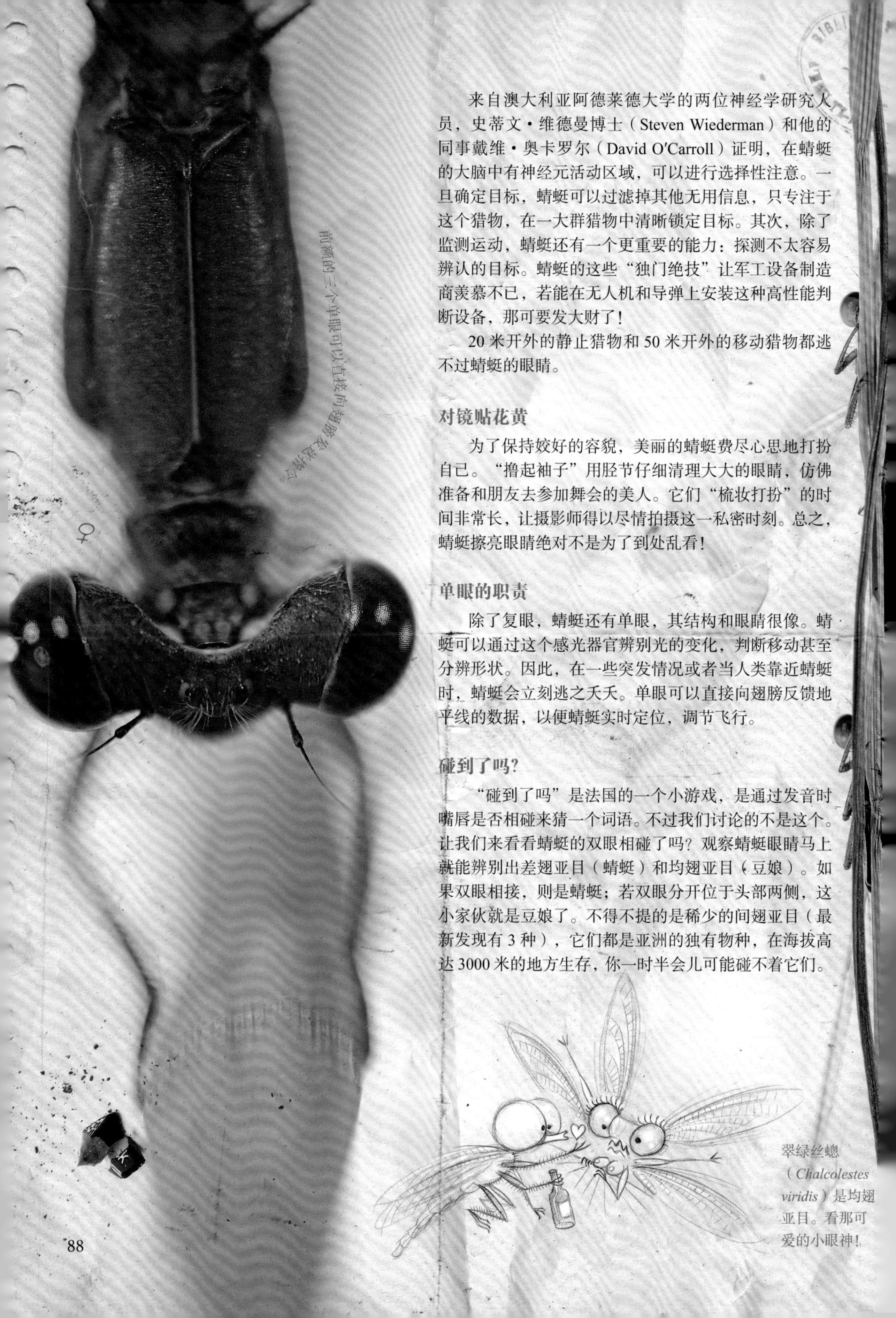

前额的三个单眼可以直接向翅膀发送指令。

来自澳大利亚阿德莱德大学的两位神经学研究人员，史蒂文·维德曼博士（Steven Wiederman）和他的同事戴维·奥卡罗尔（David O'Carroll）证明，在蜻蜓的大脑中有神经元活动区域，可以进行选择性注意。一旦确定目标，蜻蜓可以过滤掉其他无用信息，只专注于这个猎物，在一大群猎物中清晰锁定目标。其次，除了监测运动，蜻蜓还有一个更重要的能力：探测不太容易辨认的目标。蜻蜓的这些"独门绝技"让军工设备制造商羡慕不已，若能在无人机和导弹上安装这种高性能判断设备，那可要发大财了！

20 米开外的静止猎物和 50 米开外的移动猎物都逃不过蜻蜓的眼睛。

对镜贴花黄

为了保持姣好的容貌，美丽的蜻蜓费尽心思地打扮自己。"撸起袖子"用胫节仔细清理大大的眼睛，仿佛准备和朋友去参加舞会的美人。它们"梳妆打扮"的时间非常长，让摄影师得以尽情拍摄这一私密时刻。总之，蜻蜓擦亮眼睛绝对不是为了到处乱看！

单眼的职责

除了复眼，蜻蜓还有单眼，其结构和眼睛很像。蜻蜓可以通过这个感光器官辨别光的变化，判断移动甚至分辨形状。因此，在一些突发情况或者当人类靠近蜻蜓时，蜻蜓会立刻逃之夭夭。单眼可以直接向翅膀反馈地平线的数据，以便蜻蜓实时定位，调节飞行。

碰到了吗？

"碰到了吗"是法国的一个小游戏，是通过发音时嘴唇是否相碰来猜一个词语。不过我们讨论的不是这个。让我们来看看蜻蜓的双眼相碰了吗？观察蜻蜓眼睛马上就能辨别出差翅亚目（蜻蜓）和均翅亚目（豆娘）。如果双眼相接，则是蜻蜓；若双眼分开位于头部两侧，这小家伙就是豆娘了。不得不提的是稀少的间翅亚目（最新发现有 3 种），它们都是亚洲的独有物种，在海拔高达 3000 米的地方生存，你一时半会儿可能碰不着它们。

翠绿丝蟌（*Chalcolestes viridis*）是均翅亚目。看那可爱的小眼神！

雌蓝晏蜓（*Aeshna cyanea*）正在用前足胫节上的小梳子认真细致地“画眼妆”。

捉迷藏！

如果有一天你想仔细看看豆娘，你会发现，还没等你靠近，这个胆小鬼就会立刻藏到树枝后面去！不过，它的两个分开的大眼睛正在盯着你呢！真是聪明反被聪明误，一双大眼将其暴露无遗。无论是豆娘还是姑娘，摄影师都心甘情愿摁下快门！如果你发现了两双眼睛，很有可能是一对豆娘情侣正在交配……

栖息地：蜻蜓喜欢湿润的地区，是其所赖以生存的生态系统健康状况的珍贵“晴雨表”。同时，蜻蜓也遭受湿地日益干涸的直接威胁，面临着流离失所的命运。

这对栖息在小草枝头后优雅纤弱的小豆娘正在躲避天敌。

条件优越的蜻蜓可谓是“完美刺客”，为猎杀而生，且只猎活物！

"当今时代，唯有保持真螈般的冷静，才能够实现目标。"

——恩斯特·云格尔，《花园和道路》

真螈

小龙

Salamandra salamandra (Linnæus，1758)

真螈俗称火蝾螈，传说中的真螈象征着火和纯洁，在中世纪的动物论著和纹章中"出镜率"非常高。昔日教堂三角楣上的小动物如今来到了我们的小树林……

夜猫子

真螈主要在黄昏和夜间活动，偶尔在白天活动和捕食，尤其喜欢在暴风雨天气出没。它有一双大大的黑眼睛，能倒映身边的景象，而且非常符合夜行侠的生活方式。

捕杀时刻!

成年真螈四处寻觅无脊椎动物，确定目标后一口吞下。在白天和黄昏，捕食主要靠视觉进行，当夜晚降临，这个猎手也拥有猫之锐眼，狗之灵鼻，它们什么都不放过，只要能吞下，有时甚至吃小型的两栖类!

大胃口：马路上最后

速度与激情

冒险刺激的爱情，是交配的动力！真螈为了与配偶相见，踏遍千山万水。它们踏遍了散发着荷尔蒙的道路，心无旁骛，一往直前。只是在某些时候，在马路上的它们会在轮胎下失去生命，被碾成一幅路面上的涂鸦。

幼螈的习性

幼螈是水生动物，长着优雅美丽的外鳃。它们常在湿润的地区出没，如森林中的水塘、水源地、清澈的小溪、水沟甚至小水坑。它们完美地用拟态方式藏在枯叶底下，夜晚捕食，白日隐匿。想要找到幼螈，必须聚精会神，可能还需要和我一样带点运气。

眠者

洞穴、岩穴、自然或人工湿地为真螈冬眠提供了绝佳的场所。真螈比较恋家，一般每年都回到同一个窝冬眠。

真螈的表兄北螈（*Triturus*）繁殖期是水生的。然而年的真螈没有水生期，它们在陆地上繁殖。

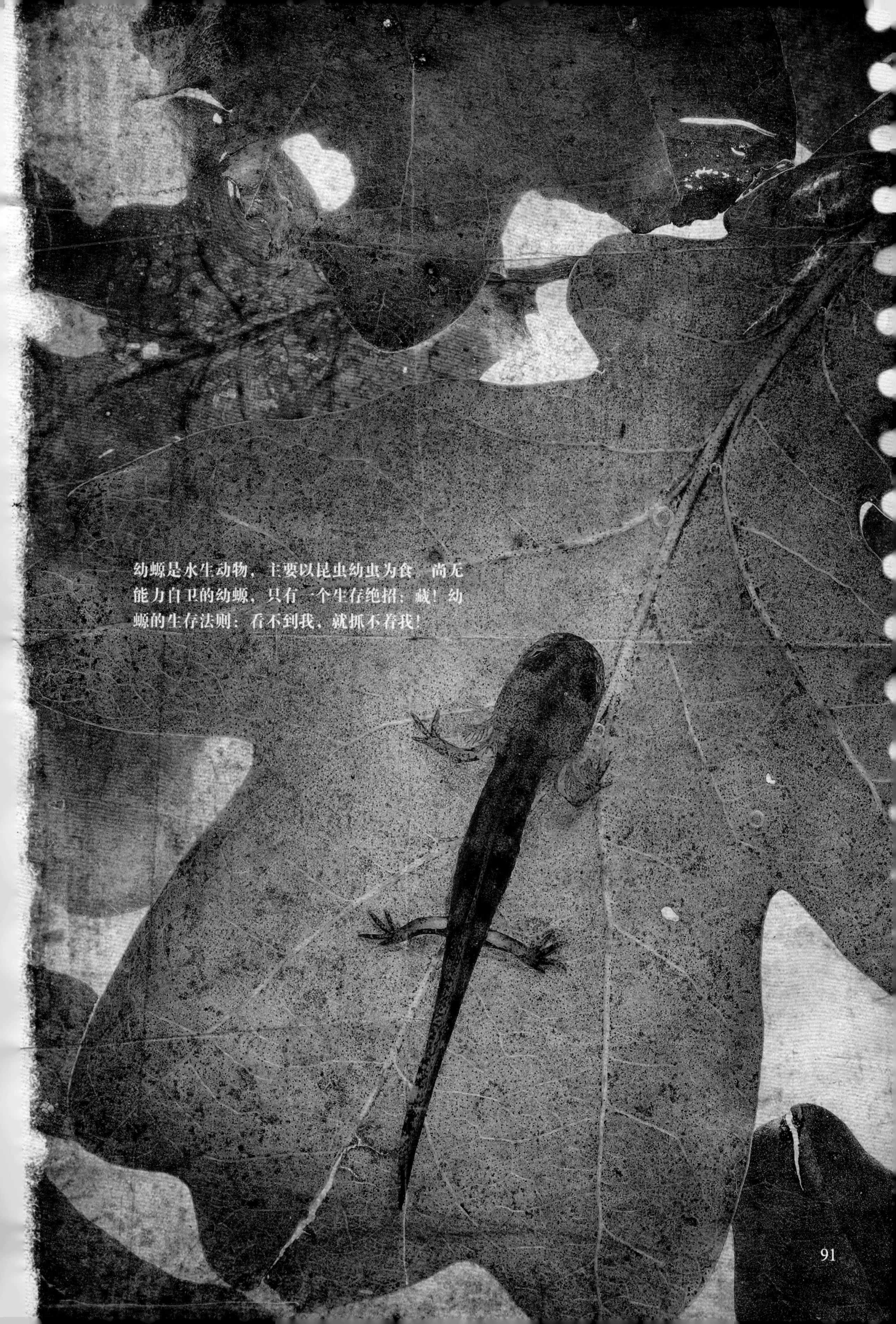

幼螈是水生动物，主要以昆虫幼虫为食。尚无能力自卫的幼螈，只有一个生存绝招：藏！幼螈的生存法则：看不到我，就抓不着我！

低调的幼螈，周身最高调的是一对奇形怪状的鳃。
通过皮肤上的小孔，我可以释放毒素。
作为技艺高超的猎手，真螈几乎没有天敌。
真螈特工，毒素分泌，无人能敌！③
♂
♀

林中尤物

在法国，我的家乡香槟区气候湿润，我在骑行时会时不时地偶遇真螈。它们穿越马路，只为换个地方寻觅配偶。马路上，它们带着亮黄斑纹的黑皮肤非常显眼，但它们在草丛里就很难被发现！

恼人之腺①

虽然名字和燕子容易搞混，但真螈可不会报春。②它们眼睛后方长有腮腺，可生产和分泌毒素，再加上其黄色或橙色的斑点，它们全身都在传递一个清晰的信号：没有谁是我们真螈的对手！

① 译者注：在法语俗语中，“有腺体（avoir les glandes）”表示烦恼的、伤心的。此处作者语意双关，暗示真螈的腺体令人烦恼而恐惧。

② 译者注：在法语中，“有尾类两栖动物(urodèle)”和“燕子(hirondelle)”发音相似。

敏感的物种

因为栖息地的支离破碎，它们的处境十分危急：钢筋水泥拔地而起，物种的自然栖息地分崩离析。马路、商业区和住宅区四处扩张，湿地日渐干涸，这些种群的栖息地上，留下了无数无法愈合的创痕。

③ 译者注：法语中，“秘密特工（agent secret）”与“分泌（secréter）”相近。此处为谐音双关语。

连环杀手——真菌

在 20 世纪，我们已经见识过蛙壶菌（*Batrachochytrium dendrobatidis*）——一种可以分解两栖动物皮肤、给成年两栖动物带来致命伤害的霉菌。伦敦动物学学会研究人员发现，自 2009 年开始，此霉菌在全球范围内出现，45 个国家的 387 个物种被感染。

现在又出现了一种名为蝾螈壶菌（*Batrachochytrium salamandrivoran*，意为“嗜食真螈”）的新杀手。这种真菌的变种会削弱两栖动物的免疫力吗？如今，这种已经活了 3.5 亿年的生物正面临大规模的灭亡，原因不得而知。然而，有个现象非常普遍：饲养非本地物种，并将它们放生到大自然中，这个行为非常不利于它们的生存，也会破坏当地生态环境。

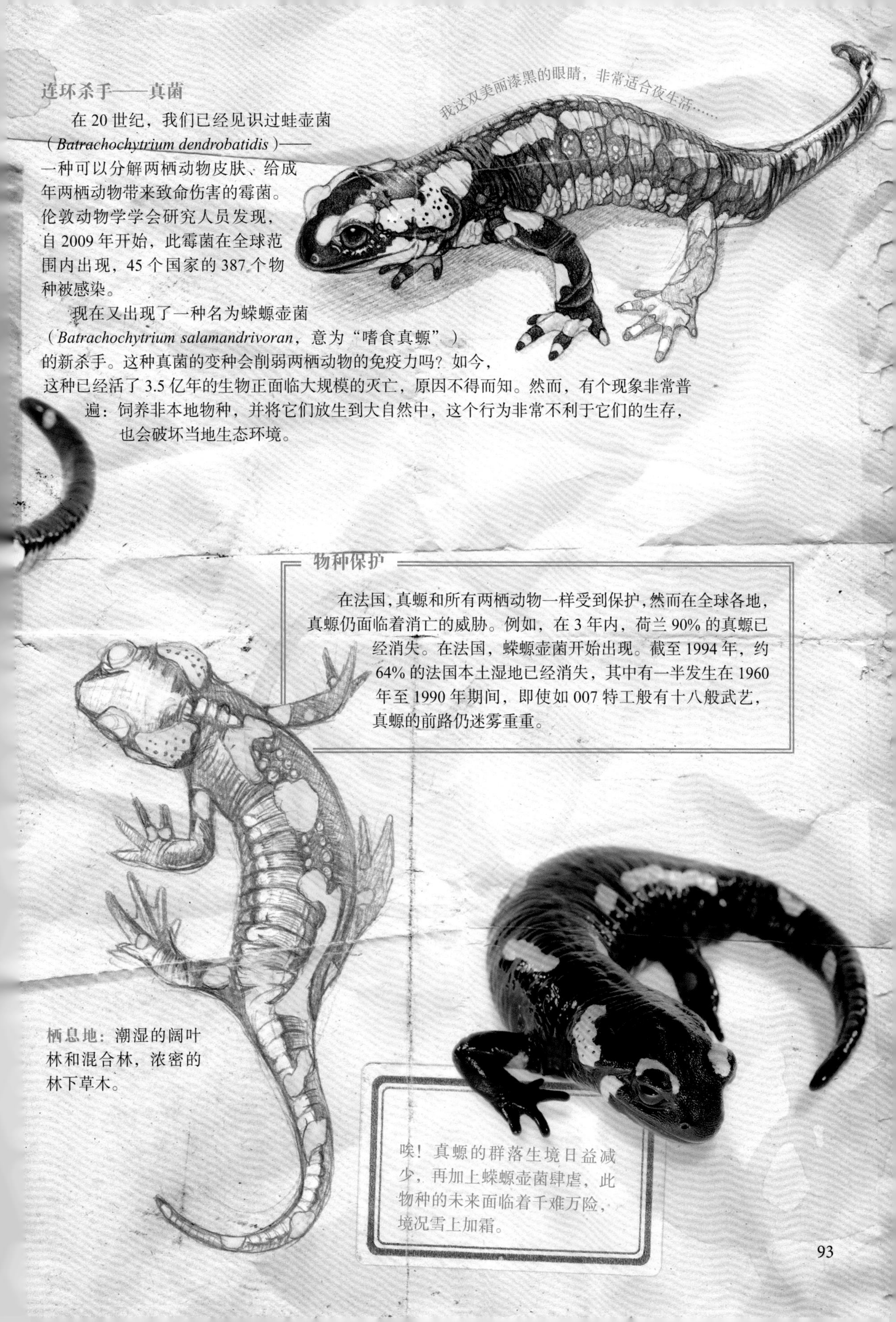

我这双美丽漆黑的眼睛，非常适合夜生活……

物种保护

在法国，真螈和所有两栖动物一样受到保护，然而在全球各地，真螈仍面临着消亡的威胁。例如，在 3 年内，荷兰 90% 的真螈已经消失。在法国，蝾螈壶菌开始出现。截至 1994 年，约 64% 的法国本土湿地已经消失，其中有一半发生在 1960 年至 1990 年期间，即使如 007 特工般有十八般武艺，真螈的前路仍迷雾重重。

栖息地：潮湿的阔叶林和混合林，浓密的林下草木。

唉！真螈的群落生境日益减少，再加上蝾螈壶菌肆虐，此物种的未来面临着千难万险，境况雪上加霜。

“在青草繁茂的鹅卵石路边有一个石洞，萤火虫就在那里守护着它的点点荧光。”

——约翰·伯蒂桑

反击的萤火虫

夜光萤火虫 Lampyris noctiluca (Linnæus, 1758)

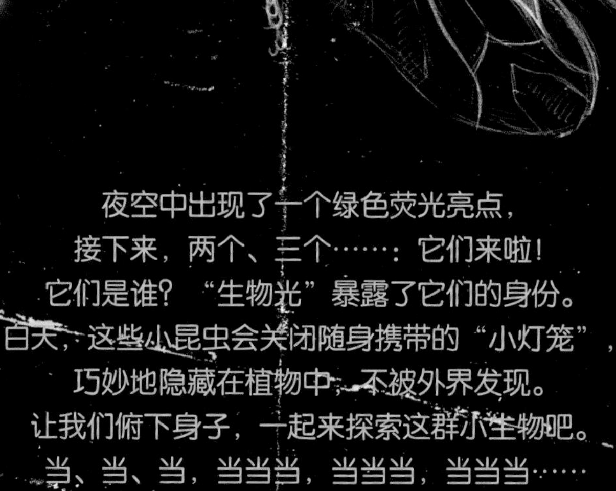

夜空中出现了一个绿色荧光亮点，
接下来，两个、三个……：它们来啦！
它们是谁？“生物光”暴露了它们的身份。
白天，这些小昆虫会关闭随身携带的“小灯笼”，
巧妙地隐藏在植物中，不被外界发现。
让我们俯下身子，一起来探索这群小生物吧。
当、当、当，当当当，当当当，当当当……
（本页设计成了星战主题，最后的节奏是星战主题曲节奏）

搞笑的鞘翅目昆虫

萤火虫，别名流萤，尽管在它的法语名字 ver luisant 中，ver 一词意为蠕虫，但它不属于蠕虫，而是一种鞘翅目萤科昆虫。它们的体态很是有趣：雌萤火虫成虫没有翅膀、长相酷似幼虫，它们的尾巴上拖着绿色的“小灯笼”，这对雄虫来说可是绝对无法抵制的诱惑。它们是很奇妙的小家伙。我记得，童年时，姐姐和我经常会在仲夏的院子里逮住很多萤火虫，然后借着幽暗的夜色，惊奇地盯着手里的这些精灵。正因这份童年的惊叹，我对萤火虫再次造访我的花园感到无比欢喜。

萤火虫的晚会对腹足纲动物可不是件好事。

最初的迹象

我在一个春日里发现了一场凶杀案的痕迹。我在花枝根部、树木底部和小灌木丛中都找到了一些壳中空空如也的蜗牛残骸，这让我产生了一种恐慌。我仿佛置身于残害腹足纲的“连环杀手”的犯罪现场。几天后，“杀人凶手”的神秘面纱终于被揭开，我在蜗牛被蚕食殆尽的壳中发现了“蛛丝马迹”，一只萤火虫的幼虫正在“清理”作案现场，企图销毁证据。尽管我不知道这只幼虫的性别，但是我给它取名为“维克多（VICTOR）”，因为在电影《造访职业杀手》中，“维克多”这个主人公是一位精明强干的职业杀手，他总是会在得手后抹掉所有犯罪证据。

从近处看萤火虫幼虫的上颚，可真是让人印象深刻，一下子就让人联想到了卸下盔甲的掠食者形象。

“扫一扫”

必须要说的是，为了能干坏事，萤火虫的幼虫可真是装备齐全。它们的捕吸式口器中长有一个能够给蜗牛注射麻醉剂的上颚，尾部还配有一把“小扫帚”，这把“小扫帚”实际是萤火虫的黏附器官。

萤火虫幼虫的体壁表面光滑，任何东西都黏不上，这叫作“莲花效应”，这能够帮助幼虫在捕食蜗牛时，不会被蜗牛的黏液粘住。

得益于尾部的“小扫帚”，萤火虫的幼虫可以自如地抓住最光滑和最黏的物体，更为锦上添花的是，这些“小扫帚”还可以为它们自己做些个人清洁。

我完全伸缩自如，或者说，差不多完全……

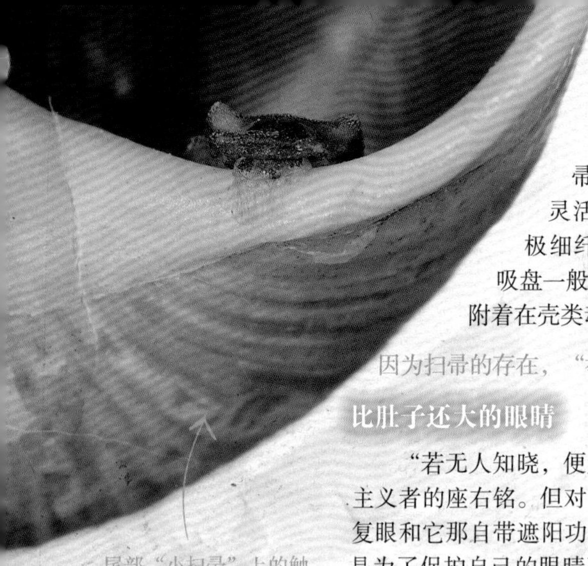

这种可随时伸缩的“小扫帚”具备类似足的功能，非常灵活自如。它由众多盘根错节的极细纤维组成，如同动物触手上的吸盘一般，使萤火虫的身体可以牢牢地附着在壳类动物光滑的内壁上。

因为扫帚的存在，“举起脚来”对于萤火虫有多重含义。

尾部“小扫帚”上的触手是名副其实的防滑神器。

比肚子还大的眼睛

“若无人知晓，便无须引人注目！”如果有这则格言，那一定是自我主义者的座右铭。但对于雄萤火虫而言，它那双大得与身体已不成比例的复眼和它那自带遮阳功能的“鸭舌帽”状前胸膜之所以那么显眼，一方面是为了保护自己的眼睛不被阳光灼伤，另一方面则是便于让自己寻觅“意中虫”。和幼虫不同的是，成年的萤火虫都过着几乎“绝食”般的生活，吃得极少或者根本不吃。

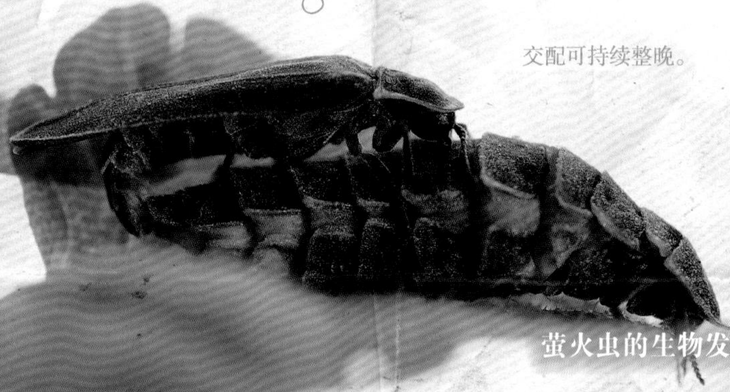

♂

交配可持续整晚。

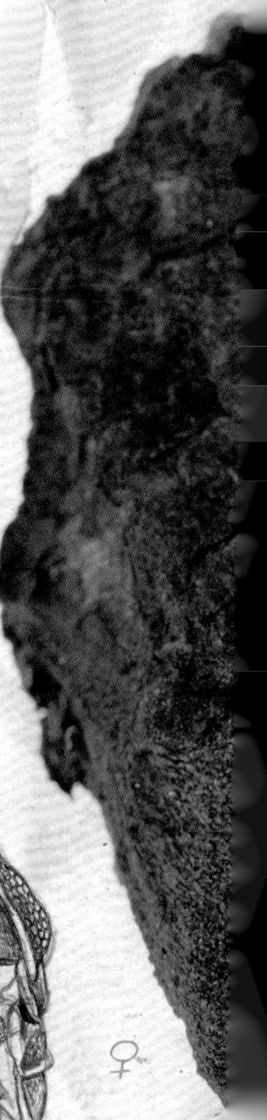

♀

萤火虫的生物发光

我曾听一位哲人讲过：“脂肪，就是生命！”，意即“脂肪是维持生命的必需品”。或许说得不完全对，但却适用于成年雌萤火虫。因为在成年雌萤火虫的体内细胞中有一种名为“荧光素”的特殊蛋白质（ATP）和荧光素酶，能在氧化作用下生成“氧化荧光素”并释放出光子，发出黄绿色调的冷光。发光器可不是华而不实的摆设，借助于这耀眼闪烁的光芒，体态丰腴的成年雌性萤火虫可以获得雄性的青睐，从而找到它的如意郎君。如果需要增加吸引力，“美人们”就会释放大量的信息素，让它的白马王子在上千只雌萤火虫中辨认出它。一旦开始浪漫的旅程，交配可以持续整夜。若是雌性萤火虫尾部的“绿色信号灯”暂时熄灭，那就是告知其他雄性，这次“狂欢舞会”已名“虫”有主。

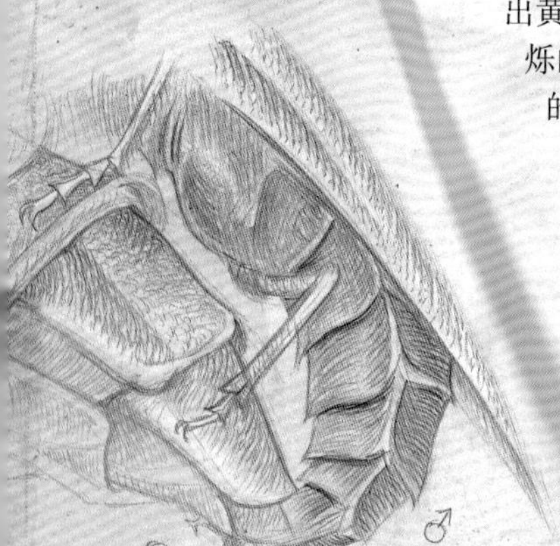

♂ ♂ ♀

为了交配成功，雄萤火虫会紧紧地贴在雌萤火虫身上。

雌萤火虫的发光器位于其腹部末端的最后3个腹节上。

② ③

值得一提的是，即便雌雄萤火虫的幼虫都具备发出“生物光”的能力，雄性成年萤火虫却不怎么发光甚至从不发光，因为发光本身是一种能量消耗，它们可不想白白浪费自己的资源只发光不收费。

♂

如果你在夜晚看到整个花园里都是绿光，那可能是萤火虫们来造访了，也可能是——你喝醉了……

♀

栖息地：萤火虫幼虫栖息在路边、草地、花园、公园等任何能够觅食的地方（成虫不进食或食量极小）。

雄萤火虫的身形明显小于雌萤火虫，鞘翅下长有翼翅。

生存威胁

如同其他昆虫一样，从前常见的萤火虫也因为种种相似的原因面临着濒临灭绝的命运。这些原因有夜晚的光污染——人造光源对雌萤火虫发出的冷光求偶信号造成了干扰；也有修剪得过于平整的草坪——这破坏了鞘翅目昆虫嬉戏玩耍的乐园。为了在花园中留住这份美好，建议你用割草的方式来修剪草尖，而不是使用割草机，也请不要无缘无故地长开室外照明灯。这些小建议可以使你拥有绚丽多彩的夜晚，并且是——**整晚**呦！

♂

♀

生物发光是夜间现象，因此我在拍摄时，不得不“添加”两个镜头设置：夜景光和人造光。

雄萤火虫的前胸膜之所以突出，是为了保护其炯炯有神的黑色复眼和其数以千计用以滤光的小眼，这可是萤火虫的“雷朋”太阳镜呦！

这个神奇物种的卵都拥有发光的天赋，不可思议吧！

这种昆虫相爱即是悲剧，但从最积极的角度来看，这悲怆的爱情产生的结果十分神奇。螳螂的卵袋堪称奇妙的存在，如果用科学的语言来做严谨定义，卵袋被称为“卵鞘”，实质上就是“装卵的匣子”。

——让·亨利·法布尔，《昆虫记》

薄翅螳螂

致命的温柔

Mantis religiosa (Linnæus, 1758)

薄翅螳螂这个阴险恶毒的情人，从外形上看，与已故的 H. R. 盖格[1]的大作如出一辙。这位“浑身散发着魅力的少妇”就如同黑寡妇一般，能激起雄螳螂体内最强烈的恐惧感。是邪恶化身还是事出有因？这就是本节我们要揭开的谜团。

薄翅螳螂是法国体形最大的昆虫之一。

体长约8厘米。

谁惹它，谁倒霉。

♀

RÉPUBLIQUE FRANÇAISE POS

1823 J. H. FABRE 1915

谁会相信呢?

法语中将薄翅螳螂称之为“虔诚的祈祷者”，多么奇怪的名字啊。难道这种昆虫真的会像人类一样拥有宗教信仰，在自然界中扮演着女祭司的角色，恐惧死亡但却超然于死亡之上吗？实际上，我们的猜测距离教理神学本质过于遥远。这位“祈祷者”在静止不动时采取的防御和攻击姿势让它们看起来像一位庄严神圣的教徒，这一姿势导致外界对它们产生了误解，以为它们是在祈祷。

二型性特征

雌螳螂比雄螳螂的体形更大更粗壮，因为它们的腹部装有卵，因此对于我们年轻的雌螳螂朋友来说，少女身材可不意味着苗条哟，恰恰相反，丰腴才是少女感！螳螂具有飞行的本领，在这方面，轻盈的雄螳螂飞得更灵活，不过只有螳螂成虫才长有一对使其可以飞行的翼翅。

致命的武器

平时折叠在螳螂胸前的前足极其富有攻击性，能够快速地向前伸出。在它们的胫节和股节上都布满了锯齿样的齿状物，当像钳子一样的前足收回时，战利品就会被前足上这些锋利的锯齿牢牢地“抓”在胸前，然后，螳螂会从头部开始享用猎物。所以和螳螂的“碰头”晚餐就不止晚餐那么简单了。当螳螂在惊恐状态时，它们的前足和翼翅会张到极限，使它们看起来更大，这种“秀肌肉”的方法能威慑敌人；同时，它们的翼翅还会和腹部摩擦，发出“沙沙沙”的声音来增加恐吓的力度。

---

① 译者注：瑞士奇幻艺术家 H. R. 盖格被誉为“异形之父”，因创造外星生物“异形”而声名大噪。

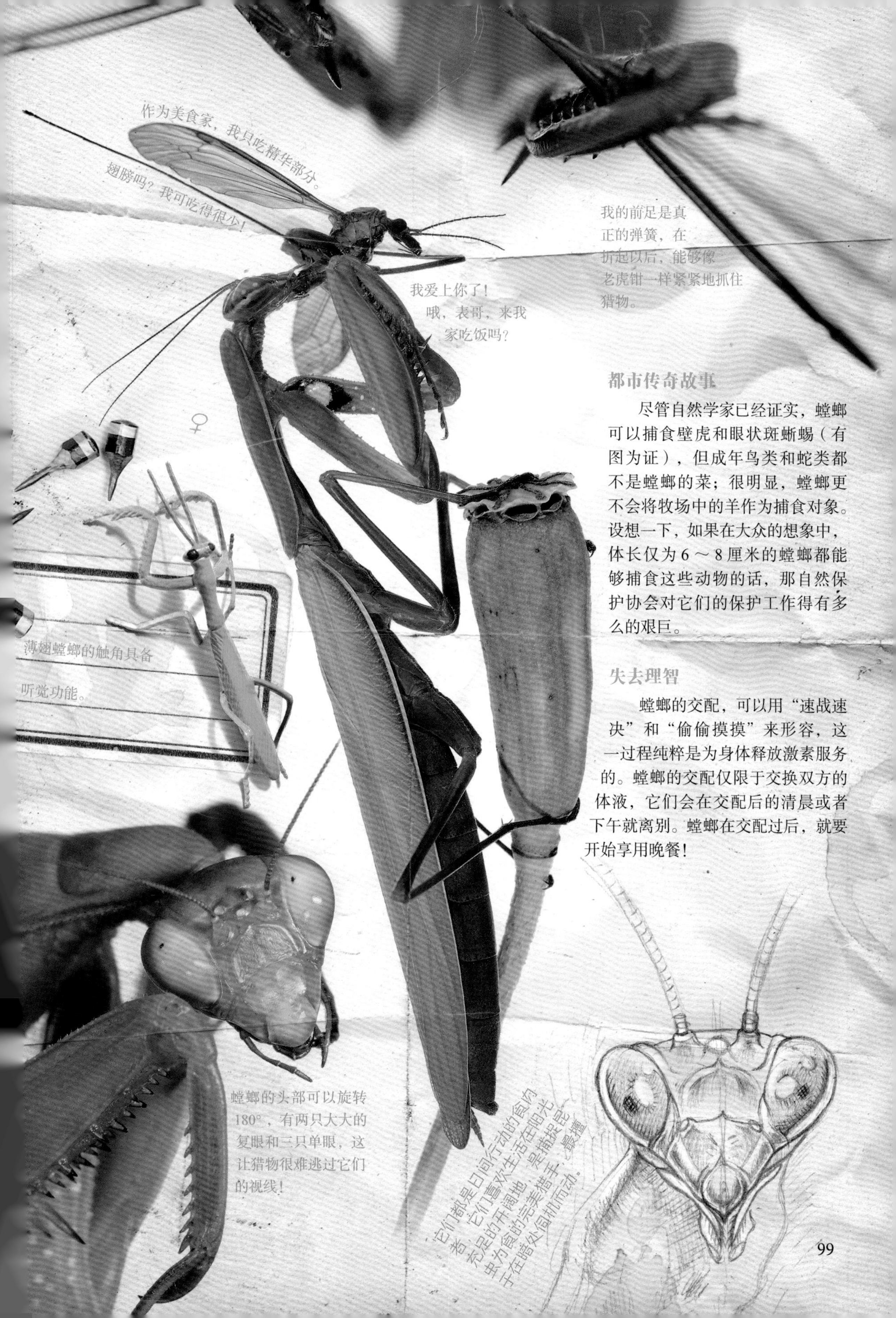

作为美食家，我只吃精华部分。
翅膀吗？我可吃得很少！
我的前足是真正的弹簧，在折起以后，能够像老虎钳一样紧紧地抓住猎物。
我爱上你了！
哦，表哥，来我家吃饭吗？
♀
薄翅螳螂的触角具备听觉功能。
螳螂的头部可以旋转180°，有两只大大的复眼和三只单眼，这让猎物很难逃过它们的视线！
它们都是日间行动的食肉者。它们喜欢生活在阳光充足的开阔地，是捕捉昆虫为食的完美猎手，最擅于在暗处伺机而动。

都市传奇故事

尽管自然学家已经证实，螳螂可以捕食壁虎和眼状斑蜥蜴（有图为证），但成年鸟类和蛇类都不是螳螂的菜；很明显，螳螂更不会将牧场中的羊作为捕食对象。设想一下，如果在大众的想象中，体长仅为 6 ～ 8 厘米的螳螂都能够捕食这些动物的话，那自然保护协会对它们的保护工作得有多么的艰巨。

失去理智

螳螂的交配，可以用“速战速决”和“偷偷摸摸”来形容，这一过程纯粹是为身体释放激素服务的。螳螂的交配仅限于交换双方的体液，它们会在交配后的清晨或者下午就离别。螳螂在交配过后，就要开始享用晚餐！

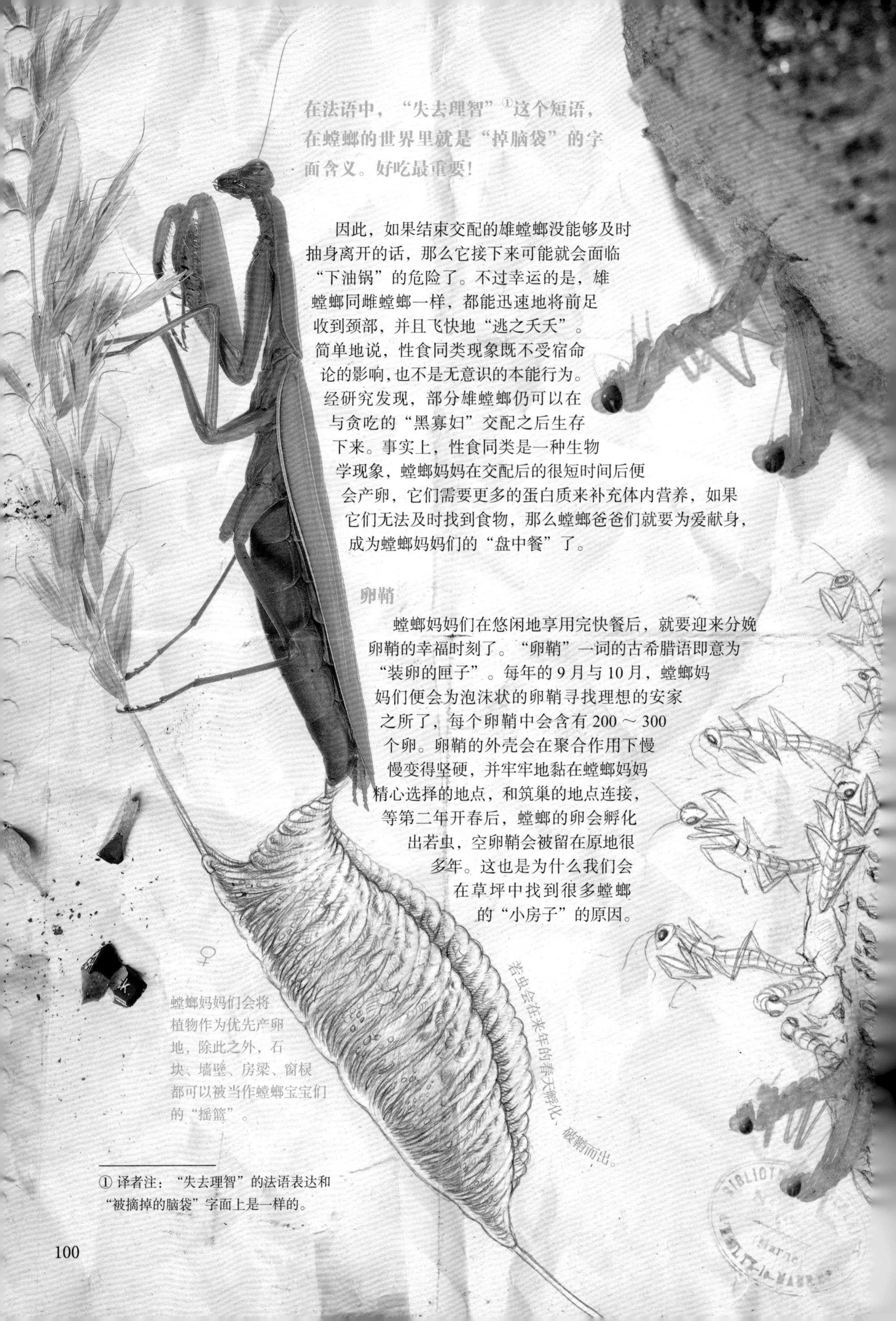

在法语中，“失去理智”①这个短语，在螳螂的世界里就是“掉脑袋”的字面含义。好吃最重要！

因此，如果结束交配的雄螳螂没能够及时抽身离开的话，那么它接下来可能就会面临“下油锅”的危险了。不过幸运的是，雄螳螂同雌螳螂一样，都能迅速地将前足收到颈部，并且飞快地“逃之夭夭”。简单地说，性食同类现象既不受宿命论的影响，也不是无意识的本能行为。经研究发现，部分雄螳螂仍可以在与贪吃的“黑寡妇”交配之后生存下来。事实上，性食同类是一种生物学现象，螳螂妈妈在交配后的很短时间后便会产卵，它们需要更多的蛋白质来补充体内营养，如果它们无法及时找到食物，那么螳螂爸爸们就要为爱献身，成为螳螂妈妈们的“盘中餐”了。

卵鞘

螳螂妈妈们在悠闲地享用完快餐后，就要迎来分娩卵鞘的幸福时刻了。“卵鞘”一词的古希腊语即意为“装卵的匣子”。每年的9月与10月，螳螂妈妈们便会为泡沫状的卵鞘寻找理想的安家之所了，每个卵鞘中会含有200～300个卵。卵鞘的外壳会在聚合作用下慢慢变得坚硬，并牢牢地黏在螳螂妈妈精心选择的地点，和筑巢的地点连接，等第二年开春后，螳螂的卵会孵化出若虫，空卵鞘会被留在原地很多年。这也是为什么我们会在草坪中找到很多螳螂的“小房子”的原因。

♀

螳螂妈妈们会将植物作为优先产卵地，除此之外，石块、墙壁、房梁、窗棂都可以被当作螳螂宝宝们的“摇篮”。

① 译者注：“失去理智”的法语表达和“被摘掉的脑袋”字面上是一样的。

以量取胜

新入行的观察者通常会认为晋升食物链顶端的法则是“以量取胜”，并且认为以小吃大是很正常的现象。寄生，这种看不见的危险，影响着物种的数量，尤其是昆虫物种。

若虫从安稳的“摇篮”中孵化出来，但能够蜕变为成虫的也仅仅是少数。当螳螂宝宝尚以卵的形式被包裹在卵鞘中的时候，微小的铁线虫就在卵鞘外围伺机而动了，若虫破鞘而出后，这些寄生的铁线虫就开始了它们“蹭吃蹭喝、白吃白住”的旅程。这些半透明的若虫，只有极少数的幸运儿能活到变色（成为成虫）。螳螂也有很多天敌，蜘蛛、蚂蚁、蜥蜴甚至一些鸟类都会吃掉刚刚孵化出的螳螂宝宝，因此，只有靠数量优势才能增加物种存活的概率。从若虫进阶为绿色或棕色的成虫，或者成为罕见的黄色成虫，螳螂要经过 6 次蜕皮，这个过程中它们必须躲过鸟类的捕食。

栖息地

荒地、草地和花园都是螳螂的乐土。在整个法兰西岛，薄翅螳螂都是保护动物。

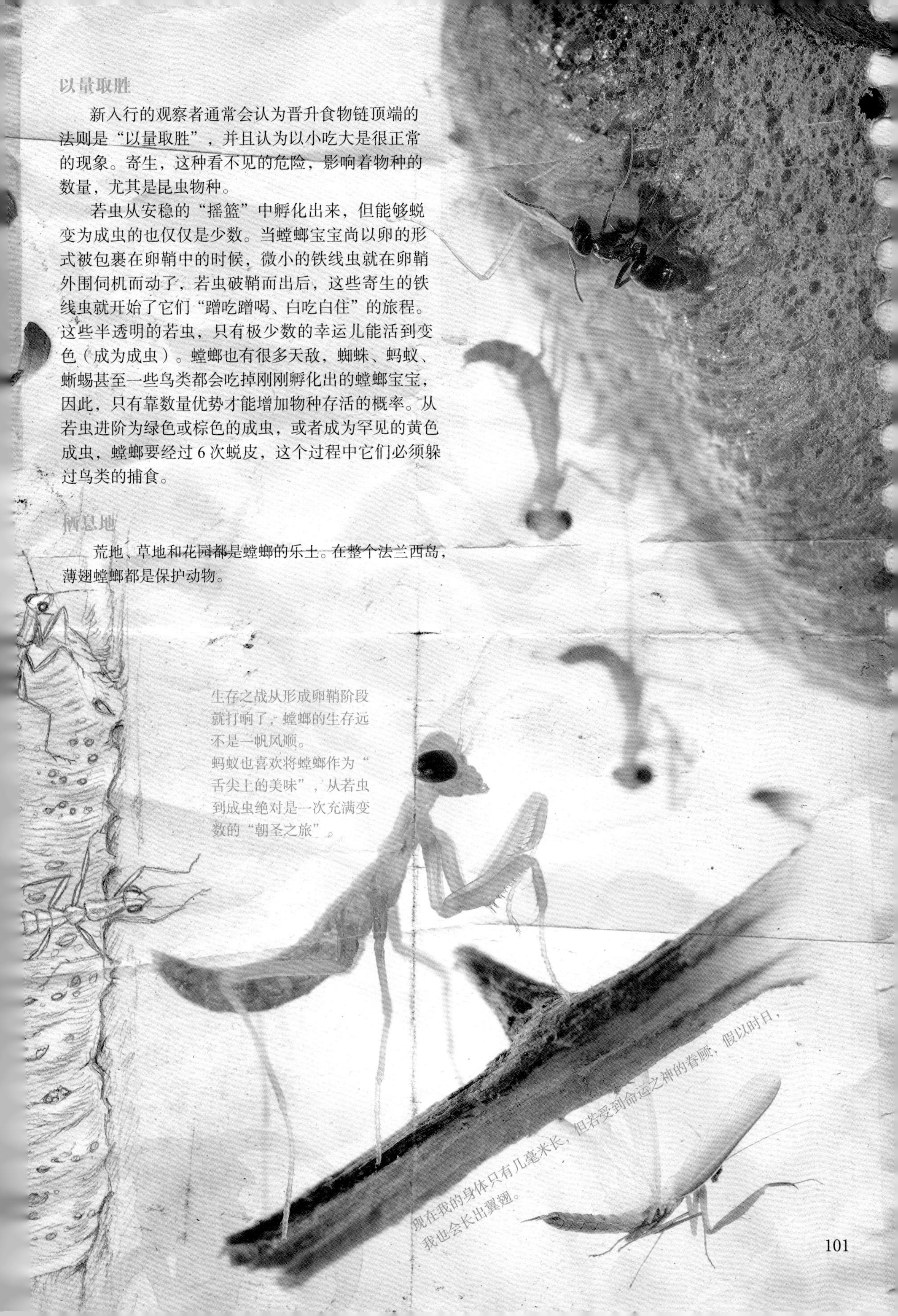

现在我的身体只有几毫米长，但若受到命运之神的眷顾，假以时日，
我也会长出翼翅。

生存之战从形成卵鞘阶段就打响了，螳螂的生存远不是一帆风顺。
蚂蚁也喜欢将螳螂作为“舌尖上的美味”，从若虫到成虫绝对是一次充满变数的“朝圣之旅”。

“毛毛虫的承诺和蝴蝶无关。”

——安德烈·纪德

锈斑天蚕蛾

身材短小、飞行较低

Aglia tau (Linnæus, 1758)

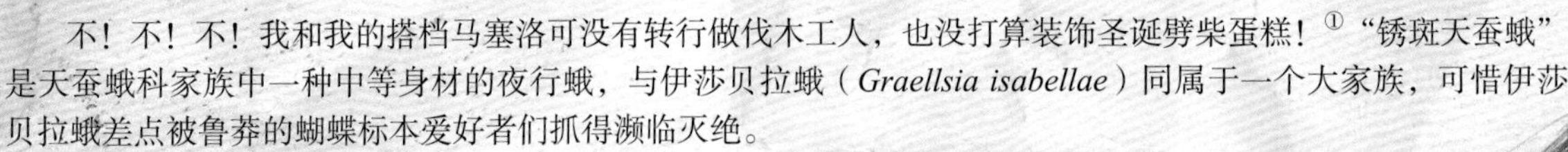

不！不！不！我和我的搭档马塞洛可没有转行做伐木工人，也没打算装饰圣诞劈柴蛋糕！[①]“锈斑天蚕蛾”是天蚕蛾科家族中一种中等身材的夜行蛾，与伊莎贝拉蛾（*Graellsia isabellae*）同属于一个大家族，可惜伊莎贝拉蛾差点被鲁莽的蝴蝶标本爱好者们抓得濒临灭绝。

锈斑天蚕蛾

我们无须对这种昆虫的俗名渊源做过深的研究。简单来说，不过是因为雌性和雄性蛾的每个翼翅上都有一个斧状斑，这个斑一下子就能让人联想到“斧头”的样子。事实上，它的希腊语学名中的“tau”，意思是“T”。

明显的二型性

雌蛾比雄蛾的体形要大得多，体色也暗淡得多，还因肩负受孕的使命，有一个充满了卵细胞的圆鼓鼓的肚子。雌蛾的翼展最大能够达到 80～90 毫米，而雄蛾的翼展最多仅为 60 毫米。我们通过触角也可以轻易地辨别雌雄，雌蛾的触角长而细，雄蛾的触角虽然也很长，但却成梳状，看起来与羽毛类似，我们几乎从不会混淆飞蛾的性别。

♂

每天清晨，雄蛾会捕捉到雌蛾散发出的信息素，在离地一米的高度上飞到雌蛾身边，这种信息素堪称自然界的GPS。

雌蛾会以交配为目的散发出信息素，这可以成功吸引数公里之外的雄蛾。

在飞蛾的每只翼翅上，都有一个“T”字形图案，所以一只锈斑天蚕蛾拥有4个“T”。看，这只雄蛾多美！

♂

① 译者注：法语中“锈斑天蚕蛾（hachette）”一词也有“斧头”的意思。

雌蛾负责给未来的毛毛虫宝宝找到符合它们口味的枝叶。

交配过程会持续很久，然后雌蛾会在树枝上产下许多卵，卵一般在十多天后会孵化成幼虫。

爱情的香气

雄蛾的飞行高度较低，每天清晨，雄蛾会以低飞的姿势穿过低矮的植株，寻觅藏在灌木丛中的美娇娘。所有的雄蛾都会通过头顶的大梳状触角来捕捉“美娇娘"们发出的信息素。有时在它心无旁骛地低飞过公路时，会遭遇车祸，许多无忧无虑的年轻雄蛾就这样“命丧公路”了。但如果最后它们能够找到心仪的姑娘，交配可以持续数小时。

复活节的“彩蛋”

飞蛾会把胖胖的棕色虫卵成簇状地产在枝头，飞蛾妈妈们尤其偏爱山毛榉枝条。在飞蛾的幼虫破茧而出后，它们会先吃掉卵壳，然后就会出发去寻找其他的食物了。

几丁质的“外衣”不够长了，蜕下来的“外壳”已经空了。

幼小的毛毛虫只有几毫米长。

我用了3个微距延长管来拍它，给一只特别小还一直动来动去的小虫子对焦可真是太难了。

怪模怪样的毛毛虫

幼虫在两周后即可孵化出来。它们的体长仅有几毫米，生下来背部就长着色彩鲜艳的六根“脏辫”，这些脏辫竖向不同的方向，看上去好像毛虫背上在放烟花一样，以至于要捕食它们的天敌都会因此心存顾虑。这些“脏辫”拥有和大多数天蛾科幼虫尾端的触角一样的作用。

它的任务很明确：喂饱自己、逐渐长大、最大限度地为未来储备蛋白质。

卵不管受精与否，都数量有限，卵的大小和数量成反比。

体形的增长

从幼虫到成虫（有5个生长阶段），它们的体形会增长到之前的50倍，最终身长平均为5厘米！在这一阶段，它们几乎日日夜夜都在狂吃。此后，身上的“脏辫”消失，出现最完善的拟态特征。

坚固的牙齿

成虫的生活中只有求偶，为了求偶可以“水米不进”，它们的生命都非常短暂，最多只有一周的时间。在这短暂的周期里，它们基本上都在为了繁殖而努力，繁衍后代就是它们的所有生活！

幼虫有着惊人的胃口，这是为了防止在蜕皮期流失所有蛋白质。啊！它们也几乎总是处于蜕皮期！

如同在茧中一般

在生长的最后阶段，幼虫会转移到地面生活，有时会让自己像摔跤手一样以优雅的身姿下落。然后，它会为自己织一个宽松的蚕茧，再用松散的土壤或枯枝落叶将自己包起来。第二年春天，成虫就从这个简单的“保护”壳中蜕变出来。

> **生存威胁**
>
> 与生活在平原农业区的同类相比，定居在森林里的幼虫可就生活得惬意多了，但树木资源的减少对它们的生存也已经构成了严重的威胁。

锈斑天蚕蛾在每年的3～6月份飞行。雌性飞蛾都在夜间飞行，而雄性则在白天飞行。

栖息地：森林

宿主植物：各种阔叶林，例如山毛榉、橡树、榛子、桦木、千金榆等。

得益于拟态本领，幼虫越长大，越会巧妙地在植物中隐藏自己。这只幼虫不久便会进入化蛹阶段。

茧中的幼虫很害羞，它的所有变化都在茧中悄悄进行。

老皮！这是在茧中找到的最后一次蜕下来的皮，这层皮没有被吃掉是因为幼虫进入了蛹期。蛹期，看似没什么活动，但其内部正经历翻天覆地的变化。

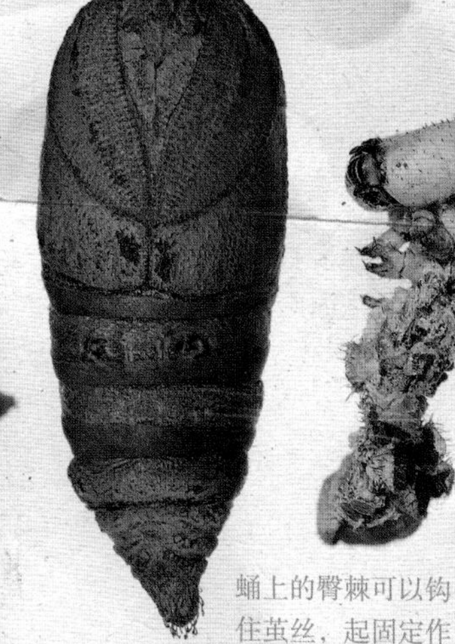

蛹上的臀棘可以钩住茧丝，起固定作用（臀棘是鳞翅目昆虫蛹的尾端带钩的刺，起附着作用）。

“螳螂捕蝉，黄雀在后。”

——中国谚语

麻雀

有趣迷人的邻居

家麻雀 *Passer domesticus* (Linnæus, 1758)

雄鸟看起来如此野性和暴躁，怪不得雷诺说过：“有些麻雀还真算得上‘猛禽’呢！”

麻雀是住在你家附近、爱蹦爱跳爱唱小曲儿的快乐小毛球，它们通常会在房子的檐槽处安家，平时也喜欢站在你家的有线电视天线上（我希望是它们站在那儿，而不是你）。现在，我们将要一起来领略这个欢快的棕色小毛球的魅力，同时也聊一聊它们那谨小慎微的新贵表兄——树麻雀。

♂求偶期的羽毛。

城市中的麻雀

它们喜欢群居，并且与人为邻。在城市里，它们甚至都可以跳到人的掌心来觅食……这些小鸟很机灵，并且习惯于依赖人类。有时它们甚至会光顾超市的货架，跟我们一样“买”东西。

田野里的麻雀

野外的麻雀胆小怕人，但偶尔也会出人意料地主动跳到你的餐桌上啄些面包碎屑。与城市中的麻雀相比，树麻雀通常更加难以接近。这两种麻雀都主要以种子和各个成长阶段的昆虫为食。除昆虫外，麻雀也会吃蜘蛛、蚯蚓、叶芽和水果。它们可是机会主义者，随时会把我们掉落的东西捡起来吃掉：桌子上的残渣、从拖拉机车斗里掉落的种子、汽车散热器下面的死昆虫。简而言之，当我谈到食物机会主义时，有一种表达法叫作“小鸟胃”：但根据它们的大小和体重计算，实际上它们吃得并不少。

神奇的传粉者

麻雀的饮食结构已经非常多样化了，但是有时它还会给自己加一些花蜜。为了减少麻雀饮食风格在你脑海中产生的田园风印象，我可以告诉你，我亲眼见过它们在狗狗的便便中寻找蛋白质。

雄性树麻雀很好辨认，它们的脸颊处有黑色的斑点，并且头顶的“无边软帽”完全是栗色的。

花园深处有叽喳的吵闹声，我飞奔到窗边，看到家麻雀和树麻雀在一起会餐呢。“这又给我上了一课！”我边笑边想着。

飞行本领

麻雀不会迁徙，但它们的飞行精准又迅速；可以在另一只麻雀后任意盘旋或者神态自若地穿过树丛。真是一位杰出的杂技演员！

各宅各窝

麻雀有很强的领地意识，它用歌声来划定自己的领地，并保护自己的巢穴，它们通常 3 月筑巢，雄鸟会在求偶期发生激烈的争夺，在空中上演“拳打脚踢”的全武行。在冬天，一切归于平静，通常几百只鸟会聚居在一起。

生物特征

麻雀长 18 厘米，翼展 25 厘米；它们很强壮，体重在 30 ～ 39 克之间（几乎是蓝山雀重量的 4 倍），能活到 13 岁。

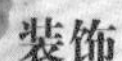

装饰

麻雀会千方百计地筑巢。它们会利用废弃的鸟巢，甚至把别的鸟从自己的家中驱赶走；会在悬崖上的洞和缝隙、建筑物的空隙、树木的孔洞筑巢，或者像其他鸟类一样，在枝叶或树篱中筑巢。它们筑巢，就是把麦秆和草杂乱地堆放在一起，然后在里面铺上羽毛。

X 光透视

将鸟的骨骼与人的骨骼进行比较时，你会惊讶地发现这两者有许多共同点。但是，因飞行之需，鸟类骨骼会有一些调整。鸟的大多数骨头都是空心的，以减重利于飞行，并且鸟类的内在结构也会有所增强，一些骨骼（如叉骨）会紧紧连接在一起，否则它们在飞行时就会因为动力压强太大而爆炸。

麻雀的头

麻雀和朱顶雀一样记忆力很好。鸟类具有出色的视觉记忆，也可以使用其他工具进行自我定位，如嗅觉记忆，还可以通过体内一个由小晶体构成的“指南针”捕获地球磁场。

生存威胁

尽管麻雀特别“普通”，几乎随处可见，但是，麻雀在世界上的许多地区正在减少：农业、病毒、天敌、其他物种的竞争、污染都可能是减少的原因。从长远来看，家养麻雀可能会和野生麻雀面临同样的命运。野生麻雀在 1970 年至 2000 年间几乎消失了（减少了 80%～95%）。和股票市场的态势几乎相反！

栖息地

麻雀在法国全域受到保护，生活在有人居住的地方，如农场、村庄，城镇等。

哦，该死的
我觉得我的
骨好像断了

啄木鸟也出镜了（下一节讲的就是它）！

对，不是只有山羊才会玩儿“跳山羊游戏”。

永远不要在霜冻结束前放弃喂养，麻雀可能已经养成习惯，有时会长途跋涉来到你的家中，有些可能会因为赶路而累死。同样，春回大地的时候，请不要再给麻雀喂食，它们还是需要保留独自觅食能力的。

树麻雀

Passer montanus (Linnæus, 1758)

树麻雀比家麻雀体形小，但它们的饮食结构相同，这两种麻雀容易被混淆。树麻雀的脸颊上有一个黑点，这是一个独特的标志，可以避免它们被弄混。树麻雀通常习惯于和人类的居住地保持一定距离，但每年我在我的花园里都能看到它们的身影。我很荣幸能够观察这些蹦蹦跳跳的小伙伴，并且很享受这场自然而简单的表演。另外，树麻雀可不是什么大款土豪哦[①]。

栖息地：有耕地的乡村、公园、树林和林缘、树木茂盛的沼泽地，它们在整个法国都受到保护。

如果你有耐心且很细心，尤其是如果你不会在你的花园里过多使用杀虫剂的话，那你也会和我一样有幸碰到它们！

---

① 译者注：法语中“树麻雀（friquet）”与“有钱人（frigué）”发音相似。

“一千只啄木鸟才能让匹诺曹的鼻子恢复正常。”

大斑啄木鸟

身姿炫丽的打击乐演奏家

Dendrocopos major (Linnæus, 1758)

这是一只披着彩色“斗篷”的大斑啄木鸟，它的拉丁语学名就译为“羽毛色彩斑斓的啄木鸟”。2000 万年前啄木鸟的祖先就已经在地球上生活了，这也没什么可大惊小怪的，麻雀还是恐龙呢！

真心不是重量级鸟类

啄木鸟体长约 24 厘米，翼展有时会超过 40 厘米，体重约 70 ～ 100 克不等，如果不因天敌（不是很多，主要是貂类）捕食而丧命的话，它们的寿命可达 11 年。

关于它们的舌尖

我们的朋友——大斑啄木鸟可以将它那“伸缩自如、黏糊糊的弹簧刀式”的舌头伸出喙外长达约 10 厘米！想象一下，你拥有一条相当于你一半身长的舌头，并且可以把舌头伸至身体前方一米的位置去捕食藏身于厚厚的树皮下的大甲虫。

大斑啄木鸟可谓是鸟界的“帕特里克·埃德林格（Patrick Edlinger，20 世纪 80 年代法国自由攀登大神）”。它们那有力的爪子和锋利的爪尖，完全可以让它们牢牢地“挂”在树干上。

冬天，树林里的树都光秃秃的，你更容易发现树枝上的我哦……
呦乎！
有歌舞演出的小酒馆
2016

田鼠吃“嘛嘛香”……
我会把每颗种子带到我领地上最合适的地方。

节食！

节食并非必须，因为大斑啄木鸟并不挑食。它们的菜单上主要是昆虫和生活在树干中的幼虫。有时，它们还会偷雀窝中的蛋。它们也会吃蜘蛛、蝴蝶和很多种子，冬天它们会首选素食，偶尔也会捕捉一些小的哺乳动物或者吃鸟食盆里的东西。作为机会主义美食家，它们有时还会品尝些蜂蜜。

如啄木鸟一般机灵

我们知道鸟类都很聪明，并有能力使用工具。大斑啄木鸟也不例外，有些工具还是它们自己做的呢！它们会用喙在树干上挖一些大大小小的洞，然后把种子放在洞里固定以便更容易敲开。而且，它们会根据种子的形状来选择最合适的洞。

节奏感

啄木鸟是一位音乐发烧友，但却天生不擅歌唱，这悠长的夏天总得找个消遣的方式，于是它们充分发挥了自己的敲鼓专长……为了满足交流沟通的需要，啄木鸟会用它们的喙来敲打树木。比如，当雌雄啄木鸟发生领地冲突的时候，它们啄击树干的方式是连续两下为一组，啄击三组，然后用不同的频率重复。尽管它们并不是莫尔斯，但是却灵活地运用了莫尔斯密码。为了让方圆一公里内的同类能清楚地意识到领地的主人，它们会以平均 13 次的重复、短促的敲击方式来向对方宣告身份，希望这个数字能够给它们带来好运。

甚至它们夫妻之间吵架都有独特的代码，真是令人称奇！

啄木鸟的喙

啄木鸟敲击树干声音很大。喙的敲击速度可以在若干微秒内从 25 千米 / 小时降速到 0 千米 / 小时，这相当于 1000G 的瞬时减速度。

啄木鸟父母不仅会带食物回巢，同时还会把垃圾废物清理出巢穴。

啄木鸟用自己的喙敲击树木是在探索自己的晚餐。一旦确定了美食的位置，它们的舌头就会派上用场！

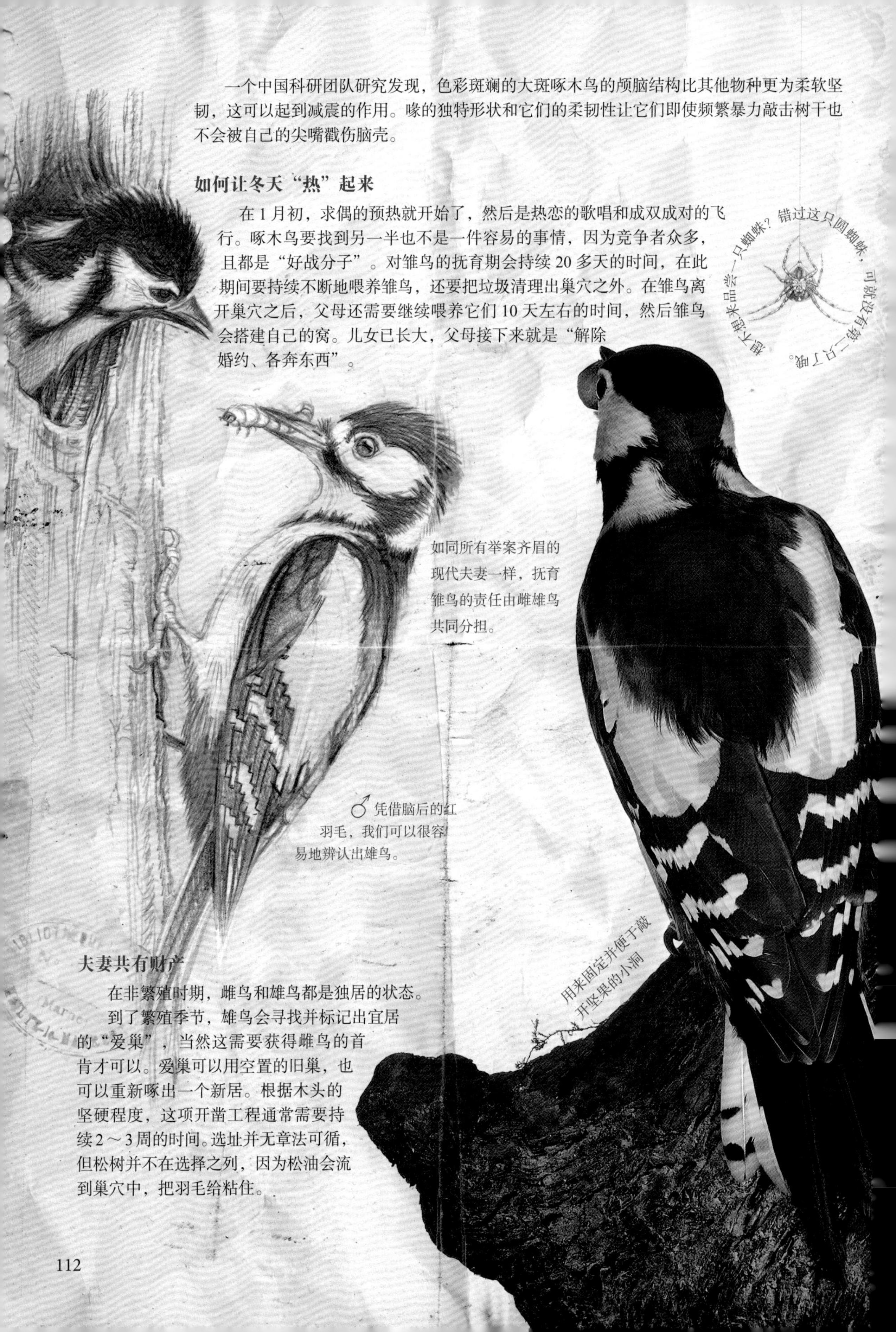

一个中国科研团队研究发现，色彩斑斓的大斑啄木鸟的颅脑结构比其他物种更为柔软坚韧，这可以起到减震的作用。喙的独特形状和它们的柔韧性让它们即使频繁暴力敲击树干也不会被自己的尖嘴戳伤脑壳。

如何让冬天“热”起来

在1月初，求偶的预热就开始了，然后是热恋的歌唱和成双成对的飞行。啄木鸟要找到另一半也不是一件容易的事情，因为竞争者众多，且都是“好战分子”。对雏鸟的抚育期会持续20多天的时间，在此期间要持续不断地喂养雏鸟，还要把垃圾清理出巢穴之外。在雏鸟离开巢穴之后，父母还需要继续喂养它们10天左右的时间，然后雏鸟会搭建自己的窝。儿女已长大，父母接下来就是“解除婚约、各奔东西”。

如同所有举案齐眉的现代夫妻一样，抚育雏鸟的责任由雌雄鸟共同分担。

♂ 凭借脑后的红羽毛，我们可以很容易地辨认出雄鸟。

夫妻共有财产

在非繁殖时期，雌鸟和雄鸟都是独居的状态。

到了繁殖季节，雄鸟会寻找并标记出宜居的“爱巢”，当然这需要获得雌鸟的首肯才可以。爱巢可以用空置的旧巢，也可以重新啄出一个新居。根据木头的坚硬程度，这项开凿工程通常需要持续2～3周的时间。选址并无章法可循，但松树并不在选择之列，因为松油会流到巢穴中，把羽毛给粘住。

雏鸟离开巢穴后，还会享受10余天被抚育的慈爱。但随后它们就不得不寻找属于自己的栖身之所。

简单地说，喙是啄木鸟最重要的工具。它们使用喙来啄出门厅和走廊，然后是宝宝房。啄木鸟对于筑巢地并没有特殊的偏好和禁忌，在欧洲，无论是在森林、公园、花园，还是在果园和树篱里，它们都能搭建自己温暖的家。

从另一个角度看的小洞。

生存威胁

城市的扩建、森林的消逝和杀虫剂的使用都直接影响了啄木鸟的饮食结构，这些生存压力不仅施加到了啄木鸟身上，其他物种也同样面临着这些生存威胁。

“蚂蚁窝越大，冬天越难挨。”

——法国谚语

卵、幼虫、蛹、成虫

选什么形式来过冬呢？

壁炉里的柴火烧的噼啪作响，电暖气释放出温暖。在乡下，炭火的味道在空气中逐渐弥漫。最早的雪花已经迫不及待地飘落了下来，伴随着最后几片残存的枯叶。温度计倒是还在室外，它要是会走，估计也早就进屋了。这是冬天再寻常不过的场景。在所有生命都寻求温暖的冬季里，生物们都已经有条不紊地循着自己的节奏来“自谋生路”了。有冬眠的、有躲藏的，还有迁居离开的，但也有死去的。

总之，大家都在想办法度过寒冬。

各显其能的蝴蝶

一部分蝴蝶和鸟类一样，喜欢生活在温暖的环境里。而体色常绿的钩粉蝶，知道如何利用体内的糖原来对抗严寒。因此它们可以栖息在距离地面数厘米高的枝叶上忍受 -20℃的寒冷，它们过冬的法宝就是体内糖原。

在这场叶子拟态大赛中，我们是最大的赢家。秘诀就是：要想活得久，就要藏得深！

蛱蝶

角翅蛱蝶、孔雀蛱蝶和海军蛱蝶都非常聪明，它们通常躲在谷仓和车库里。2月份的时候，它们会出来享受一下阳光，几小时后又躲起来，直至3～4月份才会再次出来。简单来说，它们就是善于抓住时机的机会主义者。5月份时，大家看到的颜色暗淡、翅膀褴褛、颇显疲惫的蛱蝶基本上都是去年的蝴蝶。

成虫的隐居生活

瓢虫或者斑虻通常会聚集成群，隐蔽地藏身在我们的房子里，躲在房梁的高处或者花园的角落，谷仓和车库也是它们的藏身之地。冬天，它们不活动也不吃喝，跟我们一样等待着春暖花开的那一天。

如同众多的昆虫一样，在破蛹成蝶时蝴蝶特别容易受到天敌的攻击。

始红蝽“几代人”都和谐地生活在一起。

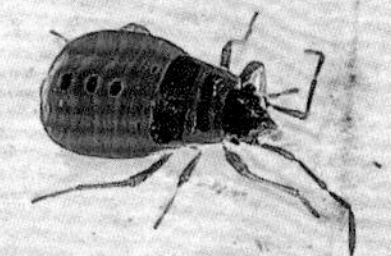

夏天，你能看到的这种海军蛱蝶堪称“铁娘子”。第二年一开春，你还会看到它们在阳光下起舞。

不怕冷的始红蝽

即便在远离法国南部的地方，这种昆虫也是少有的以成虫形态越冬的昆虫之一。蟋蟀以若虫的形态越冬，次年春天才发育为成虫。因此，不要说冬天里找不到昆虫，真相远远不是这样！

蜻蜓

在法国有记录的90种蜻蜓中，有一种蜻蜓的成虫拥有着越冬的超能力，它们是体色呈棕色的黄丝蟌。

可怜的幼虫

幼虫的基本方式是把自己埋在地下，像甲虫、鳃角金龟的幼虫一样，或者像蜻蜓稚虫一样把自己藏在水下。一些幼虫会织一个松散的茧或者找个不被打扰的地方隐居起来，以减缓新陈代谢和减少自身活动的方式使自己在寒冷的季节里存活下来，这种现象被称为“幼虫滞育”。

幼虫滞育

滞育是昆虫等动物以一种减缓发育、降低新陈代谢的方式来保存体温以度过冬季的方式。想象一下，当一只蝴蝶历尽千辛万苦破蛹而出时，它赖以为食的宿主植物却还没有抽枝发芽，这是多么的可怕。在这个小小的世界里，一切都井井有条地被安排好了。早餐没有准备好，那为什么要起床呢？

始红蝽们自霜冻起就代谢缓慢了，仿佛完全忘记了夏日里的激情。

蜉蝣的稚虫期会比其成虫期长很多。

像几乎所有的蜻蜓科昆虫那样，长叶异痣蟌也无法熬过漫漫长冬。

滞育阶段的瓢虫，好像被按了暂停键

水蚕。

水下可不缺少食物，真是越冬的好地方。

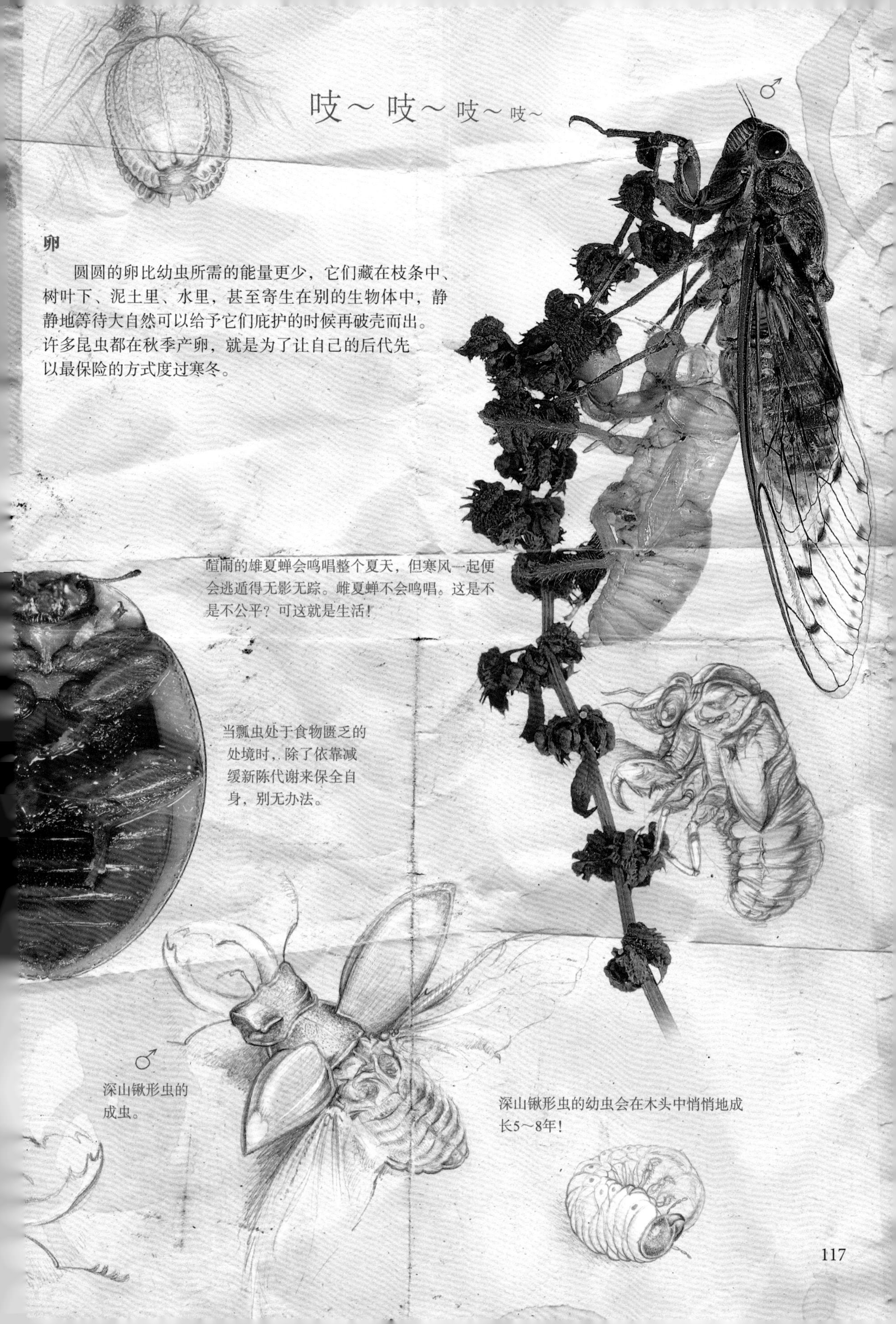

卵

圆圆的卵比幼虫所需的能量更少，它们藏在枝条中、树叶下、泥土里、水里，甚至寄生在别的生物体中，静静地等待大自然可以给予它们庇护的时候再破壳而出。许多昆虫都在秋季产卵，就是为了让自己的后代先以最保险的方式度过寒冬。

喧闹的雄夏蝉会鸣唱整个夏天，但寒风一起便会逃遁得无影无踪。雌夏蝉不会鸣唱。这是不是不公平？可这就是生活！

当瓢虫处于食物匮乏的处境时，除了依靠减缓新陈代谢来保全自身，别无办法。

深山锹形虫的成虫。

深山锹形虫的幼虫会在木头中悄悄地成长5～8年！

帝王伟蜓

阿纳克斯一世皇帝万岁！

Anax imperator (Leach, 1815)

在数小时之后，稚虫的表皮会脱落，最终变成成年的蜻蜓，这真是令人着迷的景象。

帝王伟蜓的稚虫在羽化的前10天，便会将水中呼吸调整为空中呼吸，然后它们的脸盖会发生变化，肌肉被吸收并消失，观察这只牢牢挂在鸢尾花茎上的稚虫，你会看见它的脸盖已经开始透明……

帝王伟蜓的复眼，在稚虫阶段分立在头部的两边，当它们成长为成虫

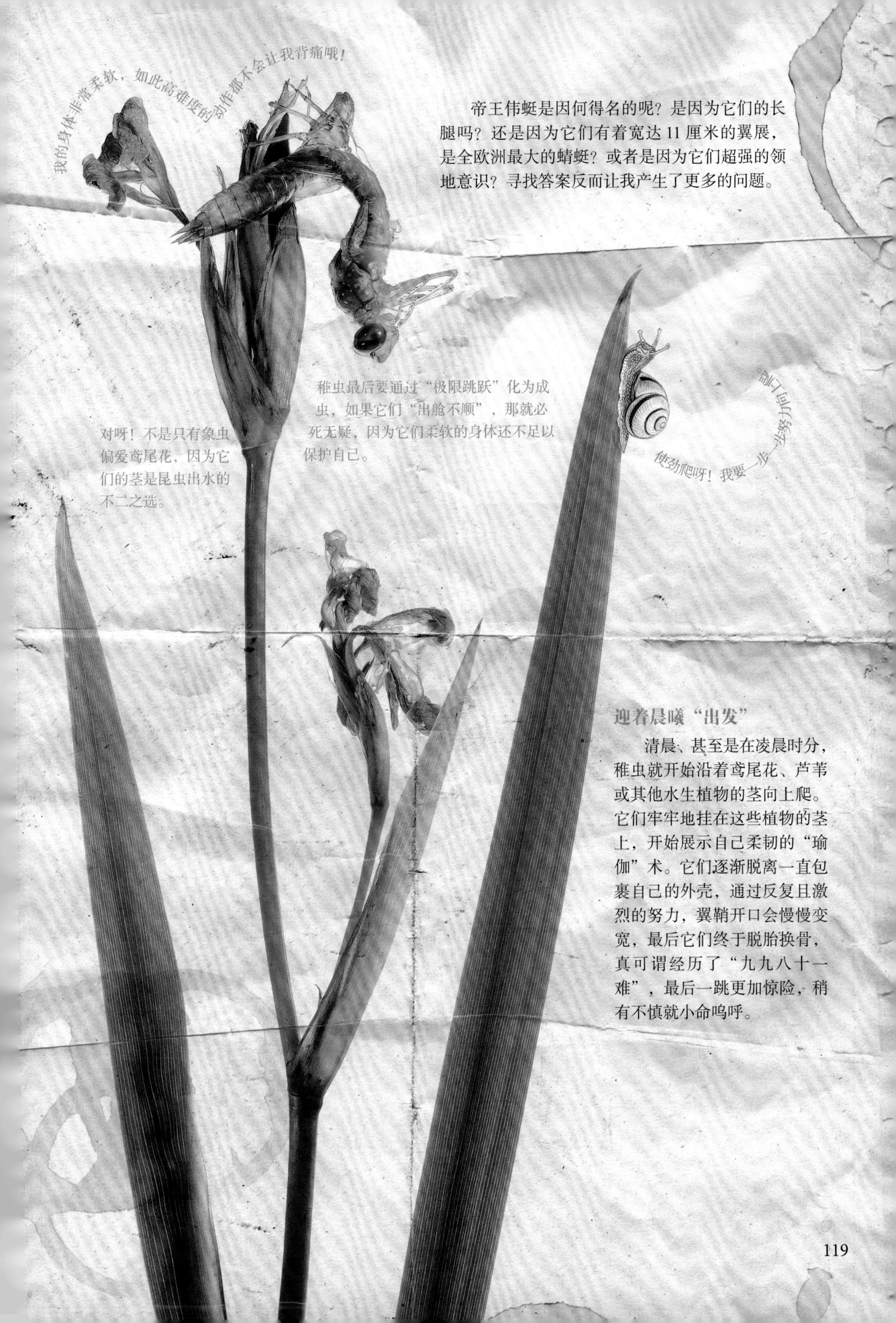

我的身体非常柔软，如此高难度的动作都不会让我背痛哦！
使劲爬呀！我要一步一步努力向上爬

帝王伟蜓是因何得名的呢？是因为它们的长腿吗？还是因为它们有着宽达 11 厘米的翼展，是全欧洲最大的蜻蜓？或者是因为它们超强的领地意识？寻找答案反而让我产生了更多的问题。

稚虫最后要通过“极限跳跃”化为成虫，如果它们“出舱不顺”，那就必死无疑，因为它们柔软的身体还不足以保护自己。

对呀！不是只有象虫偏爱鸢尾花，因为它们的茎是昆虫出水的不二之选。

迎着晨曦“出发”

清晨、甚至是在凌晨时分，稚虫就开始沿着鸢尾花、芦苇或其他水生植物的茎向上爬。它们牢牢地挂在这些植物的茎上，开始展示自己柔韧的“瑜伽”术。它们逐渐脱离一直包裹自己的外壳，通过反复且激烈的努力，翼鞘开口会慢慢变宽，最后它们终于脱胎换骨，真可谓经历了“九九八十一难”，最后一跳更加惊险，稍有不慎就小命呜呼。

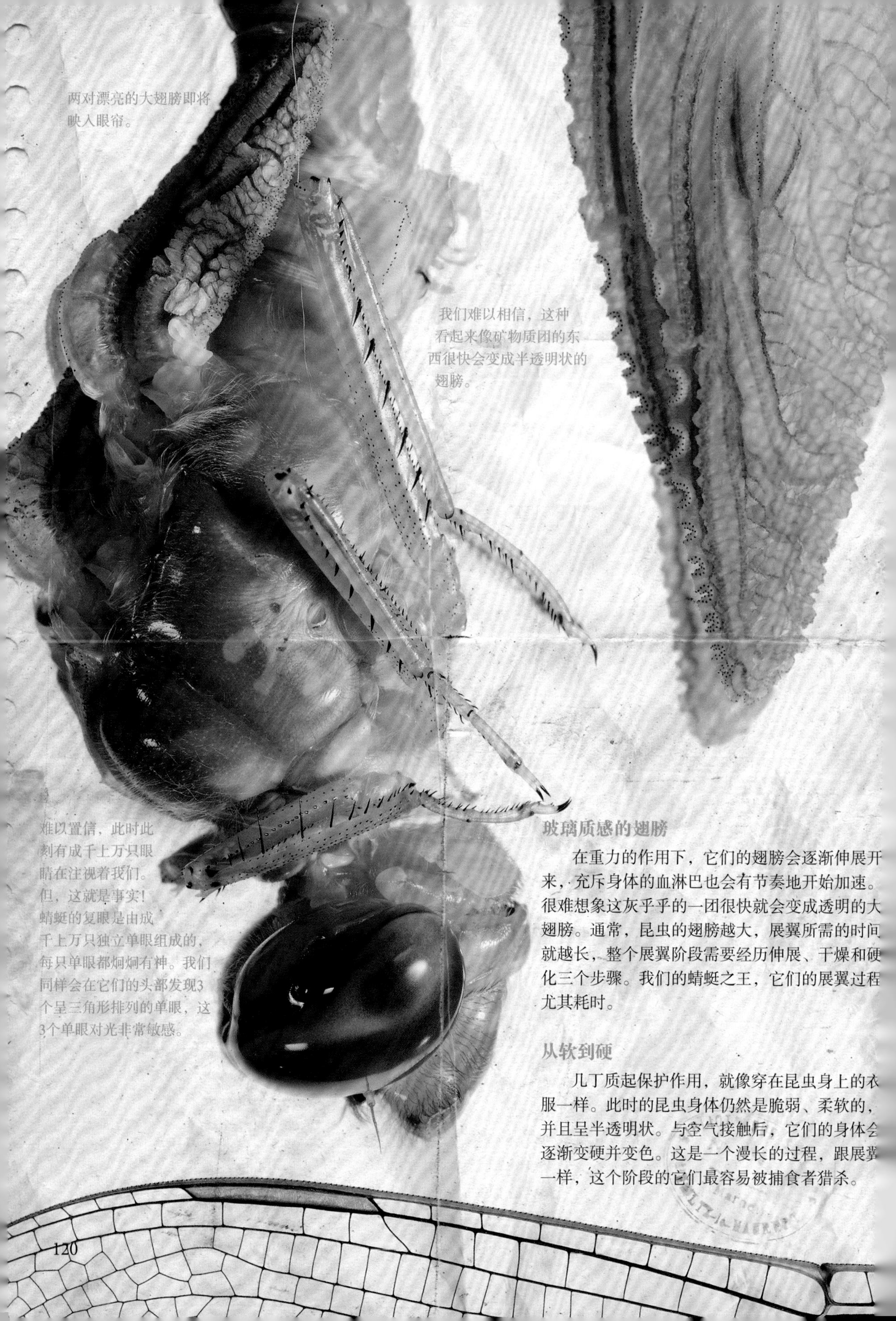

两对漂亮的大翅膀即将映入眼帘。

我们难以相信，这种看起来像矿物质团的东西很快会变成半透明状的翅膀。

难以置信，此时此刻有成千上万只眼睛在注视着我们。但，这就是事实！蜻蜓的复眼是由成千上万只独立单眼组成的，每只单眼都炯炯有神。我们同样会在它们的头部发现3个呈三角形排列的单眼，这3个单眼对光非常敏感。

玻璃质感的翅膀

在重力的作用下，它们的翅膀会逐渐伸展开来，充斥身体的血淋巴也会有节奏地开始加速。很难想象这灰乎乎的一团很快就会变成透明的大翅膀。通常，昆虫的翅膀越大，展翼所需的时间就越长，整个展翼阶段需要经历伸展、干燥和硬化三个步骤。我们的蜻蜓之王，它们的展翼过程尤其耗时。

从软到硬

几丁质起保护作用，就像穿在昆虫身上的衣服一样。此时的昆虫身体仍然是脆弱、柔软的，并且呈半透明状。与空气接触后，它们的身体会逐渐变硬并变色。这是一个漫长的过程，跟展翼一样，这个阶段的它们最容易被捕食者猎杀。

与夜为伍

在大自然中，适者生存。由于羽化所需的时间很长，所以这一过程通常会发生在夜间，黝黑的夜色是昆虫最好的隐蔽色。为了欣赏这一过程，观众必须要占据舒适的有利位置，因为要坚持观察好几个小时呢。

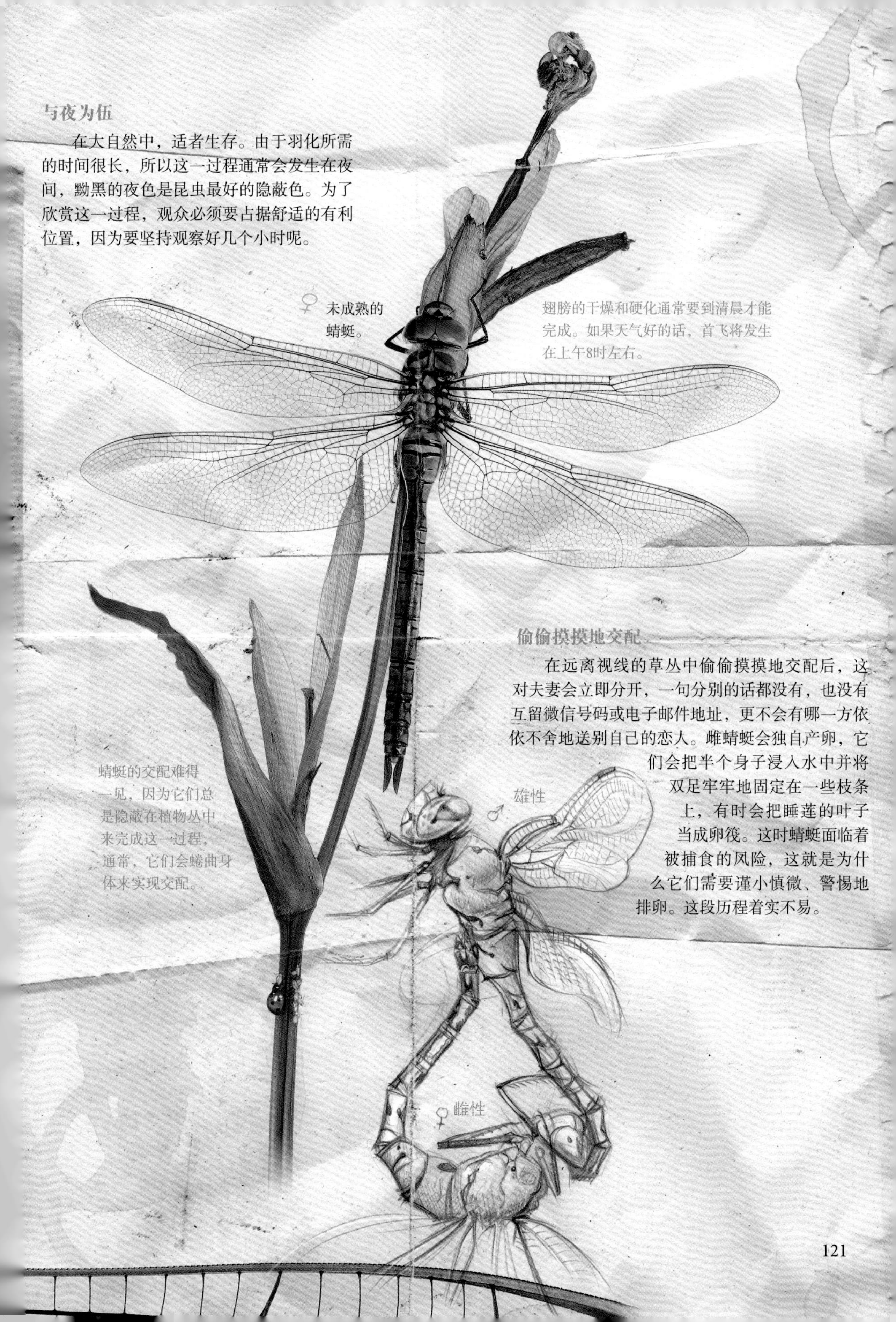

♀ 未成熟的蜻蜓。
翅膀的干燥和硬化通常要到清晨才能完成。如果天气好的话，首飞将发生在上午8时左右。
蜻蜓的交配难得一见，因为它们总是隐蔽在植物丛中来完成这一过程，通常，它们会蜷曲身体来实现交配。
♂ 雄性
♀ 雌性

偷偷摸摸地交配

在远离视线的草丛中偷偷摸摸地交配后，这对夫妻会立即分开，一句分别的话都没有，也没有互留微信号码或电子邮件地址，更不会有哪一方依依不舍地送别自己的恋人。雌蜻蜓会独自产卵，它们会把半个身子浸入水中并将双足牢牢地固定在一些枝条上，有时会把睡莲的叶子当成卵筏。这时蜻蜓面临着被捕食的风险，这就是为什么它们需要谨小慎微、警惕地排卵。这段历程着实不易。

如何辨别雌雄？

雄蜻蜓拥有亮绿色的胸部和蓝黑色的腹部，雌蜻蜓的腹部呈绿色或蓝黑色。

♂ 成熟的个体。

稚虫和其形态

蜻蜓会将卵产在水生植物或者枯萎植物的茎上，3 周后卵便开始孵化。稚虫的生长非常迅速，会经历约 12 次的蜕皮。除了在水温较低的山里，蜻蜓的稚虫阶段一般不会超过 1 年。在生长着厚厚的水生植物的水里，很难找到其稚虫的踪迹，但我们既然能看到蜻蜓成虫，就说明蜻蜓的稚虫是确确实实存在的。因为蜻蜓的稚虫——水虿（chài）喜欢静水，要找到它们，最好方法就是，看看池塘中是否有水虿蜕下来的皮。在找到蜕皮的地方，好好看看水生植物的根部，蜻蜓稚虫很可能就在那里。

开始用餐

就像我爷爷常说的那样，“请她吃饭不如给她拍照留念！”这句话深得我心，因为蜻蜓吃饭实在用不着我请，它们可是好猎手，捕食成功率非常高，而且它们通常会边飞边享用晚餐。可以说，它们才是“快餐”的发明者。它们的晚宴菜单上会出现各种各样的双翅目昆虫，甚至体形比它们略小的蜻蜓，但它们从不食用蟑螂，偶尔会吃蝴蝶。

在觅食方面，稚虫有一种非常有效的工具：它们会迅速地将具有特异形状的脸盖伸向猎物，快速击中目标，猎物几乎无法逃脱。

好在它们吃的肯定是有机食品。如果忽略洒在植物上的杀虫剂，至少可以说，它们的食物中没有加盐和防腐剂。它们的迅速转弯技能和快速飞行能力可以有效地避免它们成为鸟类的“盘中餐”。

蜻蜓处于危险境地吗？

这种蜻蜓是不是挺神奇的？是的，这毫无疑问。为了让这种神奇延续下去，我们必须考虑到它们只能生活在湿地里。在此，我想再次强调环境质量的重要性。在法国，从 1960 年到 1990 年，湿地面积减少了 50%。自 1997 年起，为了让人类更加注重保护环境，人们把 2 月 2 日定为世界湿地日；如今，保护湿地则具有越来越重要的现实意义。

♀ 未成熟个体。

♀ 雌性

雌蜻蜓总是独自抓住水面上的植物产卵。

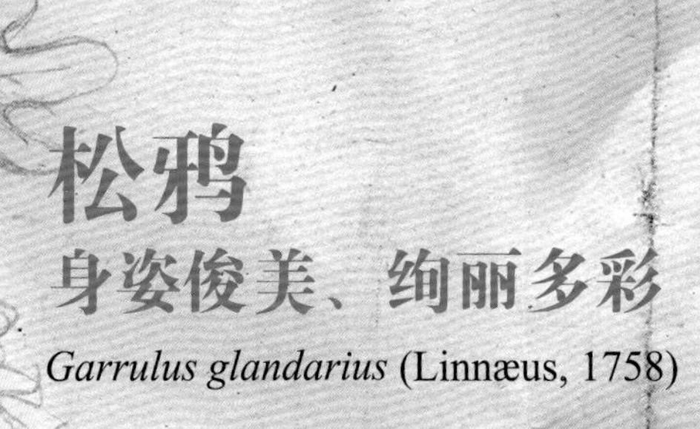

松鸦
身姿俊美、绚丽多彩

Garrulus glandarius (Linnæus, 1758)

松鸦的学名，很容易让人们当成是一个从法国经典动画电影《阿斯特里克斯历险记》中逃出来的古罗马队长，但事实上，它们只是一种低调的小鸟。它们可以生活在全法国的各个地方，只要有合适的居所和它们喜爱的橡树果实。

玫红色、棕色、灰色、白色、黑色、蓝色……这只松鸦的毛色可比它的鸣啭花样多得多！

愤怒的松鸦

松鸦是一个真正的森林哨兵，当危险出现时，它们会尖叫着躲进树林中。它们用自己独特的警报系统告诉同伴和其他森林居民有潜在的危险，而且除了提前预警能力，它们还有很强的语言模仿能力。当然，它们并不能讲笑话给你听，但可以模拟老鹰的叫声。这个特长让它们能将出现在它们领地的侵略者吓跑。大多数时候，松鸦都是独居的，不过在繁殖季节会有扎堆聚居的情况。

松鸦的认真态度同样会用在挑选橡果上面，它们对自认为可疑的、可能生了虫的橡果一律看不上。

嗯，要放到嗉囊里，不能
当场就吃掉。
一些被遗忘的橡果
最终会发芽。
我得找到一个能把橡果固定住便于敲开的地方……

多样化的饮食习惯

像其他鸦科一样，松鸦也是杂食性的，虽然它们明显偏爱橡果和山毛榉果，但也会吃昆虫、谷物、浆果、水果、种子、蜥蜴、田鼠、蜗牛和蛞蝓，有时还会把鸟卵和雏鸟添加到它们的菜单上，这为它们“赢得”了“鸟巢大盗”的“美名”。

哇！嗉囊！

松鸦为了运送储备食物，嘴里长有一个嗉囊，好像一个小提包，最多可以储存 4 颗橡果，跟它们小小的体形相比，这个小提包还真能装啊！装进去的橡果都经过了精心挑选，保证没虫。

越冬宝藏

像所有的鸦科一样，松鸦非常聪明，甚至可以用绝顶来形容它们。从秋天开始，它们就早早为冬天和开春囤粮，跟人类攒钱一样。它们会把食物分散地藏在土里、树根下、树桩上、树叶或苔藓底下，还会利用现成的标识来标记战利品的埋藏位置，有时甚至会用上鹅卵石。但是，就像“大拇指”那样，如果用以标记的物品被挪动了，它们就会找不到自己储存的那些越冬宝藏。

塞翁失马，焉知非福

由于标记被破坏或者其他的原因，松鸦会找不到储存的过冬食物。这件事情有利有弊，因为像松鼠和松鸦或其他动物在冬天到来前储存食物的行为，直接参与了种子的传播，这些被遗忘的种子会在未来生根发芽。所以这些勤劳的鸟儿也是橡树和山毛榉最好的繁殖媒介之一。但不公平的是，尽管它们为大自然提供了服务，却没有得到受保护的待遇。

只要觉察到有一丝危险，松鸦就会张开有力的翅膀快速飞走，同时还会发出尖叫声来提醒森林中的其他居民。

松鸦如何来打破橡果的硬壳呢？喙是很难啄穿橡果或核桃的厚壳的。不过，这种聪明的鸟儿会把它们希望吃到的食物放在树根或石头间固定，然后成功地砸开这些果实。它们可不是开罐器的发明者，但我们必须承认它们绝对是足智多谋的小动物！

强烈的彩色

松鸦浅米色的胸脯前还带着点粉色，翅膀上“镶”有蓝黑相间的条纹，头上的黑白条纹羽冠可以立起来。它们周身拥有着棕色、粉色、蓝色、白色、灰色、黑色……它们是真正的森林彩虹。当我们走进森林时，会很容易地辨认出松鸦，绝对不会搞错。

生物特征

体长：32 ～ 35 厘米
翼展：45 ～ 55 厘米
体重：140 ～ 190 克
寿命：18 年

夫妻相

松鸦并没有呈现二型性现象，雄性与雌性外貌特征相似。它们会成双成对坚定地保卫自己的领地，并且把爱巢筑在平均高度为 2 ～ 5 米的大树上或灌木丛中。雌性一次通常会产下 5 ～ 7 个蛋，孵化期为 16 天。幼鸟孵化出来 20 天后，便会离开父母的巢穴。

造访冬季花园

如果松鸦来花园里寻找额外的食物，你就可以和它们不期而遇。你瞧，它们一大早就趁着凉爽飞来了。一边谨慎地观察四周，一边蛮横地把别的鸟类从鸟食盆旁赶走，领救济也要排第一……

松鸦是一种吵闹的鸟，其叫声嘹亮高昂，比起发现它们的身影，听到它们的叫声则要容易得多。

始红蝽的心头好

Pyrrhocoris apterus (Linnæus, 1758)

春天一到，始红蝽们就成群结队地出现了。我们到处都能看到它们，有时在家里洒满阳光的墙壁上，有时甚至就在路边……
让我们来深入了解一下这种欧洲最常见的臭虫——始红蝽吧。

许多昆虫都没有法语名字，这只滑稽的小东西凭什么拥有那么多法语名字呢！？比如说，宪兵、士兵（有可能是因为壳像士兵军装吗？）、瑞士（是因为像瑞士巧克力吗？不不不，一定还是和军装的颜色有关）、红臭虫（嗯，这个简单，因为它是红色的！）、“寻找中午”（是因为这种臭虫喜欢太阳吗？）、黑面具（来源于殖民时期吗？）、鞋匠（这我想不通）、火臭虫（是因为它的脾气吗？）。听起来这种臭虫似乎有很多的特点。至于它们的学名，通常会让人联想到拉丁语，实际上是希腊语，意思就是红色的臭虫，毫无特别之处。

群居，更好！

这些臭虫是群居昆虫，若虫和成虫们都和谐地生活在一起。如果你经常在椴树下发现它们，那是因为它们喜欢椴树果，但阳光明媚的时候，它们就会聚在墙上晒太阳。我们很容易就能从红色带黑点的“裙子”认出它们，很难和其他昆虫混淆。我家的始红蝽们在我的一台打印机旁边定居了，它们在那儿可以找到许多吃的。

没有危险，也不臭

这是一种没有气味也不叮咬人类的虫子（尽管它们有着非常发达的额剑，这可能会让我们产生相反的想法），我们会怀疑，它们真的是一只臭虫吗？因为一般来说，人们对臭虫的看法很少是正面的，甚至“臭虫”都成了脏话。但我们的始红蝽是个例外。我们没有必要把它们从花园里赶走，因为它们不会破坏花园。相反，始红蝽是我们的宝贵盟友。始红蝽和瓢虫一样，都是园丁的助手，在清理腐烂的植物和控制病虫害等方面发挥着重要作用。它们会吃掉蚜虫、介壳虫和其他昆虫的卵。

坚硬外壳下的柔软

始红蝽拥有坚硬的外骨骼，像钢铁侠一样，它们的壳（外骨骼）是由几丁质构成的，这样的“盔甲”保护着它们质地“柔软”的内部器官。

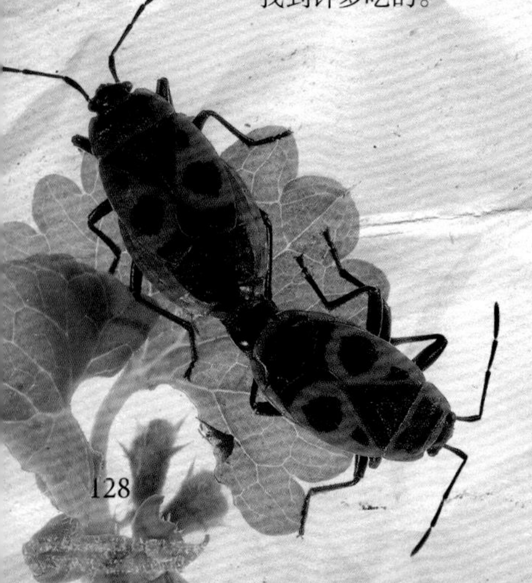

我已经观察它们足足1个小时了，看起来没有什么能惊扰到它们，也没有什么能将它们分开。

花园里应该禁止使用杀虫剂，这样始红蝽就能够高效地消灭害虫。

红色激情

如果你想拍摄昆虫繁殖过程的照片——当然纯粹是看个人爱好——那我们的始红蝽是你理想的对象。一到春天，始红蝽就开始交配，交配过程可以持续几个小时，这给了我们足够的时间来取景。认真地说，鉴于始红蝽的体长只有 9 ～ 10 毫米，微距光学相机能够更加发挥出摄影的优势。始红蝽在交配后，雌性会产下约 50 个白色的卵，等到第二年的 5 月，这些卵会孵化出来。它们的若虫先是红色的，或带点橙黄，黑色是后来慢慢长出来的。常见的无翅目和短翅目昆虫通常也是红色或橙色的，代表的是“我很苦”或“我有毒”的意思。总之，是想传递“别吃我，我对你有害”的信息。我承认我没尝过始红蝽，不知道会是什么滋味！

对始红蝽正在椴的嫩叶上交配。它们可以一边爬行一边交配，这对红色恋人正边享受边悠闲散步呢，不过距离法国南部小城阿德格角还远得很呢……

始红蝽总是喜欢“勾肩搭背”地同行。通常，雌性和雄性没有太大的区别，雌性通常比雄性小一些。

♂ 尽管生活在人类附近，赭红尾鸲并不需要陪伴，它们仅仅是跟我们分享生活空间。
乱蓬蓬的眉毛和嘴巴的形状表明我还年轻。
叽叽，嘀嘀唧唧，啼啼，叽叽……

赭红尾鸲

Phoenicurus ochruros (Gmelin, 1774)

纯粹的美人

谁说小鸟不会卖弄风情呢？赭红尾鸲裙角飞扬、明艳美丽，非常吸引我们的眼球。雄鸟从头到脚都是黑色的，唯有尾巴是红色的，它们的名字就是这么来的。雌鸟呈灰色，但爪子是黑色的，尾巴虽然也是红色的，但整体的体色并不那么醒目，因为雌鸟不需要吸引雄鸟。也许会跟白头红尾鸲搞混，但其实很简单，只要看看是否有白额头即可分辨。

亲近人类

在野外，赭红尾鸲生活在山林中，它们把巢穴建在岩石上。然而，这种鸟类喜欢与人为邻，寒冷的季节，它们会离人更近，以最大限度地获取食物，也有一些会迁徙。

这只年幼的鸟拍摄于2012年6月。它像所有的同类一样，孵化两周后，便需要独自飞到地面上寻找食物。它飞得还不是很好，所以谨慎就成了它最基本的生存之道。

大家都在节食！

冬季对于大多数动物来说，都是一个需要节食的季节。入秋之后，赭红尾鸲的饮食结构就发生了变化。除了找一些昆虫和爬行动物幼体来果腹，它们还会吃些浆果和水果。如果遭遇食物匮乏的年份，你还可以像我一样，一年四季都有机会在花园里看到它们。

各在各窝

赭红尾鸲是一夫一妻制的（少数例外），并且有极强的领地意识，必要时它们会保卫自己的领地。它们会亮出自己的嗓音，让那些对它们的巢穴感兴趣的鸟知道谁是这里的主人！

求偶季节

对于大多数物种来说，春天是求偶的好时节。我们的赭红尾鸲自然也不会违反大自然的规则，所以它们每年都会回到花园里。恋爱的时刻总是激动人心的。热烈的雄鸟不停地唱歌，表演各种空中杂技，并把舞蹈作为诱惑雌鸟的杀手锏！不过，雄鸟会给雌鸟留下一项艰巨的任务，那就是建造一个新的巢穴，或把上一年的巢穴修缮一新。不管怎样，只要看到一次赭红尾鸲，你就会再看到它们。

刚刚离巢几天的赭红尾鸲的飞行洗礼，它的羽毛还在继续生长呢。

♀ 用采集来的植物建造和维修鸟巢，全部都是雌鸟的工作。

昆虫（鞘翅目、双翅目、蚂蚁、蝴蝶、直翅目等）是赭红尾鸲的主要食物。蜘蛛、蠕虫、爬虫和一些小软体动物也是它们的理想食物。

♂ 作为一个真正的音乐发烧友，雄鸟喜欢发出尖利的叫声。

一顿完美佳肴。

♀♂

哺育幼鸟的责任由雌鸟和雄鸟共同分担，在持续两周的时间里，它们会轮流接力哺育4～5只幼鸟。

所有毛茸茸的昆虫和丰满的幼虫都在幼鸟的菜单上。

舒适的巢

它们的筑巢地，会让人们联想到它们最初是来自山里的鸟。它们筑巢的地点会选择：墙洞、岩穴、门框、窗户、阳台框、谷仓。它们筑巢的材料有树枝、树叶、泥土和苔藓，而且为了提升舒适度和保暖，它们还会铺一些羽毛和翎毛在窝里。

下图：在花园里的一堆木头中拾来的鸟巢，这是为了防止它们明年再在这里翻新安家，因为这个地点实在太危险、太容易被猎食了……

幼鸟的眉毛，样式奇特。

第一次飞行

我在地上发现了这只呆呆的幼鸟，隔壁的猫猫们也发现了……它肯定是经历了一场失败的首飞。所以我暂时把它放在一个安全的地方，好让它恢复知觉。几分钟后，这只鸟恢复了活力，惊惶失措地蹦来蹦去。我把它放到办公室对面的树上，它立刻大叫起来。鸟爸爸和鸟妈妈闻声赶来，迅速把它带走了！

当我听到马路对面传来的激烈的叽喳声时，我的嘴角泛起了一丝的笑意。我猜想，那一定是这只幼鸟的父母在训斥它。2010 年，我在木柴堆里发现了两个鸟窝，第一个窝是在 5 ～ 6 月间发现的，第二个窝是在 7 月中旬发现的。这种情况相当罕见，因为这种鸟通常会在高处筑巢，以避免幼鸟被捕食。在这个鸟窝里，只剩下几根羽毛和一点绒毛，雏鸟应该是进了猫肚子里了……咕噜！

保护

自 1981 年起，这种鸟在法国全境受保护。

在巢穴里和在第一次飞行时，雏鸟都面临着被捕食的巨大风险。鸟妈妈的保护意识非常强烈，通常会盘旋在雏鸟的上空保护自己的孩子。

生物学特性：

体长：15 厘米
翼展：23~26 厘米
体重：14~20 克
寿命：约 8 年

♂ 雄鸟在夏季的花园深处。

孔雀蛱蝶能越冬吗？

Aglais io (Linnæus, 1758)

孔雀蛱蝶是一种普通的蝴蝶。蝴蝶确实再平常不过，但它们从卵到成虫的一系列巧妙、精确的变化却令人叹为观止！

荨麻的花序和叶。荨麻是许多昆虫的蛋白质来源。

孔雀蛱蝶，属于蛱蝶科。随着科学的发展，最新的分子生物学已经将它们列入孔雀蛱蝶属。这些名字的改变并不会对蝴蝶的生存产生任何的影响。只要我们保护它们的生存环境，再多种点荨麻就好！

有存在主义的问题吗？

最终，小小的卵会和它的兄弟姐妹一起降生在荨麻叶下面，这是妈妈给它们精心挑选的既安全可靠又衣食无忧的居所。经过一系列复杂而精巧的变化，这些卵就会孵化成毛毛虫，毛毛虫以荨麻叶为食，它们唯一的任务就是快速补充蛋白质以变成蝴蝶。毛毛虫会在 5 龄期结束群居，开始独自生活。

毛毛虫何时游荡

9 月，很多毛毛虫会爬过公路去寻求新的草地和成蛹的地方。我就是在很平坦的大路上观察和拍摄到这些毛毛虫的。

切忌盲目

知道我的客人非常喜欢荨麻，我的花园里终年都会留有一片荒地，我会不时地在那里扔些食物来喂我在骑行时捡来的昆虫朋友。但要避免种植一种名为夏季丁香的草本植物，这是一种原产于中国的入侵植物。它会长得非常高大，它的抗污染能力反而会使其成为生态陷阱。蝴蝶非常喜欢这种植物，但是因为这种植物种植在路边，所以导致许多蝴蝶撞在行驶车辆的挡风玻璃上。你喜欢大自然吗？想在你家里留有一点自然空间吗？那么相信我，没有什么比留置一块荒地更合适的办法了。而且这会让你的花园看起来很“英国”……

肉蝇是孔雀蛱蝶的寄生者之一。

在宿主植物荨麻的叶子背面产卵。

从侧面看，这只孔雀蛱蝶几乎是单色的，并且具有枯叶的拟态。能发现它的人真称得上目光犀利。

荨麻蛱蝶也属于蛱蝶科。它们的主要宿主植物就是荨麻，它们的名字也是这样来的。

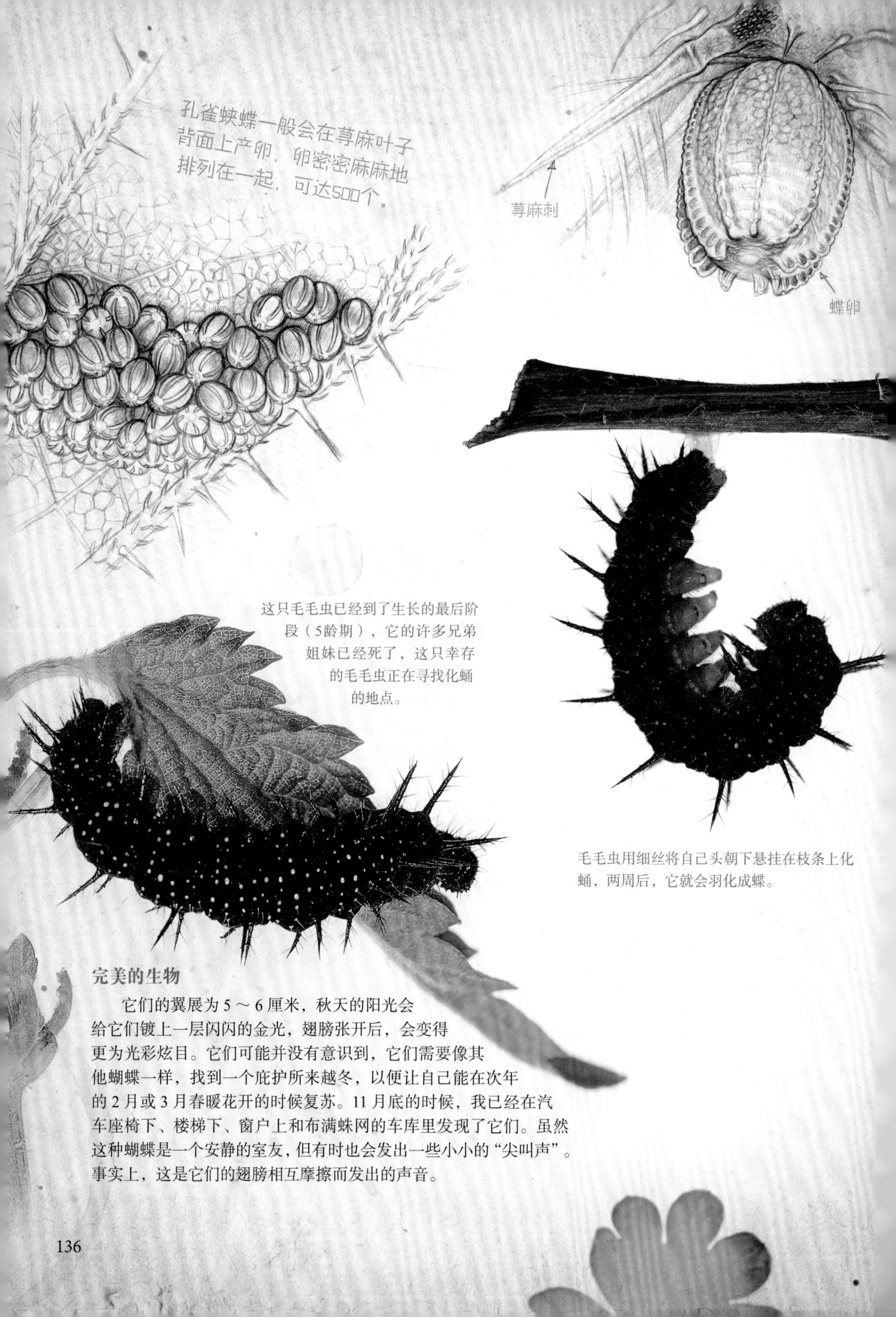

孔雀蛱蝶一般会在荨麻叶子背面上产卵，卵密密麻麻地排列在一起，可达500个。
荨麻刺
蝶卵

这只毛毛虫已经到了生长的最后阶段（5龄期），它的许多兄弟姐妹已经死了，这只幸存的毛毛虫正在寻找化蛹的地点。

毛毛虫用细丝将自己头朝下悬挂在枝条上化蛹，两周后，它就会羽化成蝶。

完美的生物

它们的翼展为 5 ～ 6 厘米，秋天的阳光会给它们镀上一层闪闪的金光，翅膀张开后，会变得更为光彩炫目。它们可能并没有意识到，它们需要像其他蝴蝶一样，找到一个庇护所来越冬，以便让自己能在次年的 2 月或 3 月春暖花开的时候复苏。11 月底的时候，我已经在汽车座椅下、楼梯下、窗户上和布满蛛网的车库里发现了它们。虽然这种蝴蝶是一个安静的室友，但有时也会发出一些小小的“尖叫声”。事实上，这是它们的翅膀相互摩擦而发出的声音。

我们只能在邂逅飞行中的孔雀蛱蝶时，才能一睹其眼状斑的风采。

毛毛虫的蜕皮会一直进行到最顶部的臀棘处（最后一个腹节末端的钩状物），然后在蛹形成时落到地上。渐渐地，未来成虫的形象就逐渐勾勒出来：翅膀、眼睛和吻管完全可见。但，有时也会发生点意外……

聪明的捕食者

看着不起眼的苍蝇其实诡计多端。它们产在毛毛虫体表或体内的寄生虫对蝴蝶种群数量的调节起到了重要作用。我们平常见到的肉蝇的幼虫会以毛毛虫为食。我本来期待着羽化的奇景，然而却无意中见证了出人意料的一幕。

把自己当成蜘蛛的蛆虫

寄生虫的幼虫是看不见的，它们一般以毛毛虫的重要器官为食。我看到它们不停地啃着蛹的几丁质，终于把蛹啃破掉了出来。它们会先用半透明的丝把自己悬挂在半空以便软着陆到地面上。然后，软软的幼虫逐渐从米色变成黑色，几天后变成蛹和苍蝇……这里没有可怕、暴力或“恶心”的东西。我有时会听到人们这么说，不，大自然并不残酷，它的规则也不比人类的法律更无情。大自然里没有对错的概念，如果苍蝇不在毛虫身上繁衍，那蜻蜓也不会有足够的苍蝇供其捕猎，一切都是物种生存所需。动植物已经以这种方式生活了数百万年，这种脆弱又奇妙的平衡，不能用我们的道德来评判。

优红蛱蝶也属于这个家族，它们的成虫也会冬眠。

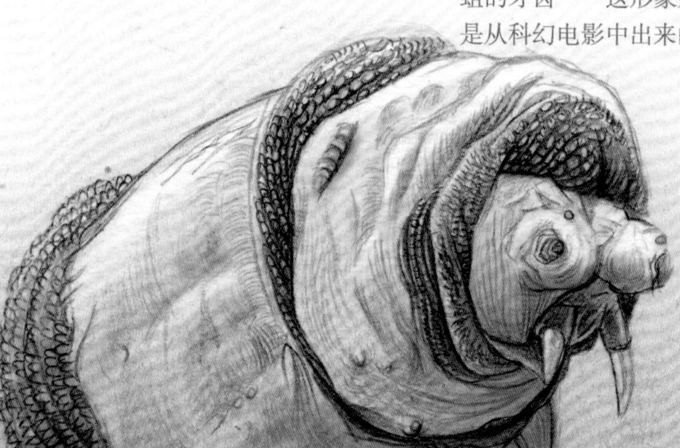

蛆的牙齿……这形象好像是从科幻电影中出来的。

蝇蛹落在地上，几乎立刻变硬，然后从橙色变成黑色。

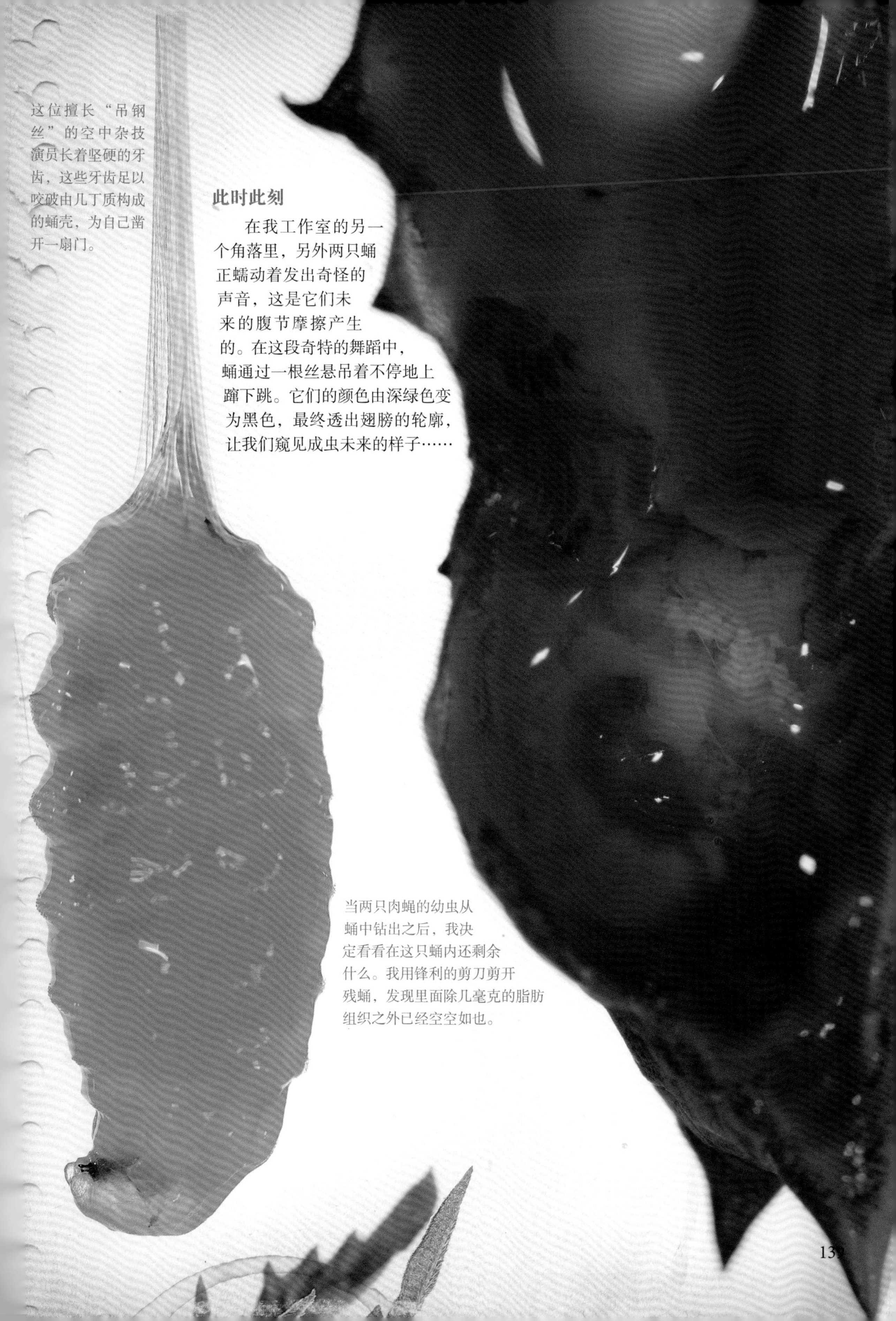

这位擅长“吊钢丝”的空中杂技演员长着坚硬的牙齿，这些牙齿足以咬破由几丁质构成的蛹壳，为自己凿开一扇门。

此时此刻

在我工作室的另一个角落里，另外两只蛹正蠕动着发出奇怪的声音，这是它们未来的腹节摩擦产生的。在这段奇特的舞蹈中，蛹通过一根丝悬吊着不停地上蹿下跳。它们的颜色由深绿色变为黑色，最终透出翅膀的轮廓，让我们窥见成虫未来的样子……

当两只肉蝇的幼虫从蛹中钻出之后，我决定看看在这只蛹内还剩余什么。我用锋利的剪刀剪开残蛹，发现里面除几毫克的脂肪组织之外已经空空如也。

你看得到我，你看不到我

翅膀张开时，它们巨大的眼状斑可一点也不低调！此外，也因为这些眼状斑的图案像极了孔雀的羽毛，它才获得了“孔雀蛱蝶”的俗名。不过，在孔雀蛱蝶将翅膀闭合的时候，你一定难以注意到它们。不得不承认，它们把自己伪装得很好，不动的时候像极了枯叶的样子。所以当它们突然飞起来的时候会把捕食者吓跑，后者一定尖叫着，天呐！这是哪里冒出来的两只大眼睛！

求偶季节

孔雀蛱蝶一年有两次繁殖期，一次在5月，另一次在9月。全年都可以看到这种鳞翅目昆虫。雌雄蝶并没有特别的外形上的差异，不过它们自己可以通过信息素来相互辨认身份。

幸运的是，并不是所有的幼虫都会有此遭遇。肉蝇也不会寄生在所有的蛹中。尽管它们面临着种种危险，但许多成虫都会迎来春暖花开的那一天。

一只正在邻居的篱笆上享受着日光浴的孔雀蛱蝶。
布满细密刺毛的黑色身体上带有白色斑点。

没有即刻就面临的生命危险

即便这种蝴蝶广泛出现在包括科西嘉岛在内的法国各大区，它们的数量在某些地方也在日趋减少，就像我们会在花园中见到正在消失的其他物种一样。请你在花园中留下一小片有荨麻的荒地吧，这样，你就有机会邂逅它们了。保护分布区域的完整性，也就是在保护它们。当然，孔雀蛱蝶会越冬，但是我们也必须像保护其他物种一样来保护这种小生物，它还在扮演着传粉者的重要角色呢。

皮蠹

体长 3 毫米的恐怖生物

Anthrenus verbasci (Linnæus, 1767)

当可拍的对象变得越来越少的时候，我恰好和这种鞘翅目昆虫不期而遇。但当我读到以下内容时，这个看起来人畜无害的生物以一种新的面目展现在了我的面前。

真正的害虫

这只小甲虫只有 0.5 毫米高，3.5 毫米长。虽然它很小，看起来也没有什么危害性，但它似乎不受欢迎，也许只有我这个摄影师还愿意关注它。在寒冷的初冬，小圆皮蠹就离开大自然跑到我的房子里来寻找避难所了。皮蠹的成虫以伞形科植物和毛蕊花的花蜜为食；但它们的幼虫（体长 4 ～ 5 毫米）却以死昆虫为食并食量很大，它们会给许多地方带来破坏。这种小甲虫偏爱博物馆。所以虽然成年的皮蠹实际上是无害的，但它们的幼虫跟动物收藏爱好者一样钟爱标本，特别喜欢以毛发和羽毛为食，它们虽然没文化、也并不时尚，但却喜爱啃食书籍和丝织品。

我在办公室的附生植物上发现了它的身影。

皮蠹的翼翅藏在鞘翅下面，
它们是能飞的。

并不愚笨

皮蠹成虫会把很多地方当成它们的产房，例如：通风管道、壁橱、家具内部和家具底下、踢脚线后面等。总之，它们藏得很好，即便你是摄影师，想在家里见到这种小昆虫也不是一件容易的事。在野外，这些小聪明经常会在鸟的巢穴附近选择自己的产卵地，这样它们的幼虫便会在直至化蛹的整个发育阶段都能享用到羽毛中富含的天然纤维。在家里，你的纯羊毛毛衣也会是它们的最佳选择。它们的口味还挺高呢。

拿出利器——樟脑丸！

皮蠹偶尔也会用于驱赶别的害虫，因为它们会把害虫的幼虫都给吃掉，尤其是舞毒蛾的幼虫。但是，基于近期的综合评定来讲，它们是不折不扣的大害虫。所以，还是先把它们给除掉吧。好吧，人们常常告诉我说，小昆虫不会吃掉大生物，但是我觉得，人们并没有告诉我所有的真相。

我是多么喜爱你……

尽管我读了那么多关于它的可怕故事，但我仍然认为它是一种“为摄影而生”的昆虫。它个性安静，不喜飞行，这让我有足够的时间去拍摄它的每个状态。我把它放在门口、窗户上，希望它保持单身、没有后代，就像我们在冬天时的状态一样……

它太小了，即使用上了高端微距设备也还是拍得不是十分清晰。

它毕竟不是个怪物！

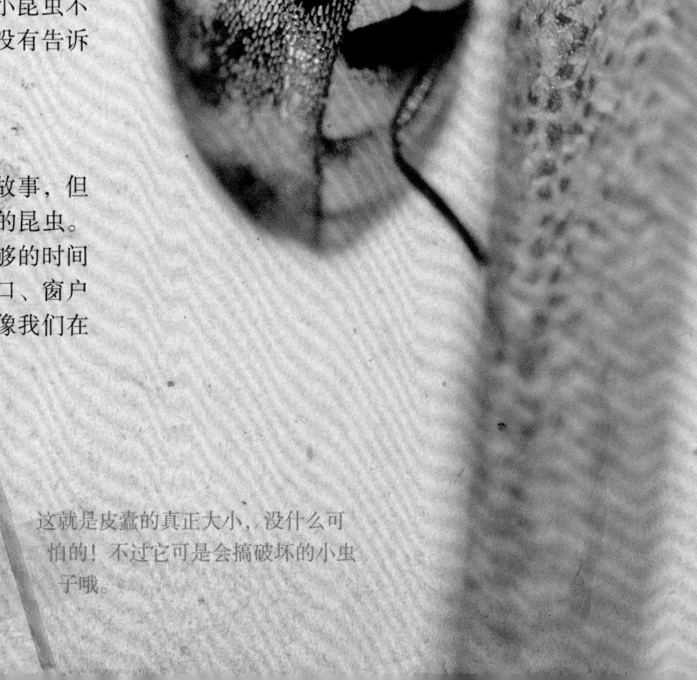

这就是皮蠹的真正大小，没什么可怕的！不过它可是会搞破坏的小虫子哦。

欧亚鸲

冬季造访者

Erithacus rubecula (Linnæus, 1758)

在我们的周围，无论是在城市里还是在田野里，大自然总是给那些愿意花时间驻足观察的人无私地献出珍宝。欧亚鸲就是这珍宝之一。欧亚鸲俗称知更鸟，在法国被称为“家知更鸟”，它们虽然很常见，但它们却给我们带来了不寻常的乐趣，全年，包括冬天，我们都可以看到它们的身影……

易于识别

欧亚鸲的胸部和脸颊都是橘红色的，下腹部接近白色，背部和翅膀都是棕色的。它们的喙是圆锥形的，黑眼睛看起来总是对万物都很好奇的样子。欧亚鸲的雌雄差异并不明显。幼鸟的羽毛是棕色的，身上带着浅色的斑点，还不具备那种独特的橙红色。成年的欧亚鸲的平均体长为 14 厘米，翼展约 20 厘米，体重为 16 ～ 22 克。幸运的话，它们可以活到 15 岁左右。

花园里，白白的雪地上，漂亮的欧亚鸲更加显眼。

如果人们仔细观察的话，一下子就会发现我和我的表兄蓝喉鸲鸟很相像。
在这张照片里，我看起来像一只普通鸲。尽管我好奇心很强，但这么近距离地拍我，还是需要一些技巧哦！
年轻的成鸟。

在家里越冬

冬天，好动的小鸟会离开灌木丛、小树林和田间树篱，来到我们的房屋和花园寻找食物。它们几乎是你家不请自来的常客。有些鸟会一年四季都和人类生活在一起。这就是它的法语名字中“家”（familier）这一定语的由来。至于法语名字中的“红色喉咙”（gorge rouge）这几个字，则来源于它们红色的胸部。

开饭了！

这位美食家经常会光顾鸟食盆，而且不允许猫咪和其他的鸟类靠近。它的饮食相对多样化，包括昆虫、地里的小爬虫、种子、浆果和水果。

园丁的朋友

这位滑稽的朋友喜欢占据花园，我们会在水龙头、喷壶的蓬头、铲子的把手上甚至是草耙上看到它的倩影。同样会看到它喜欢吃铁锹挖出的虫子。一年冬天，我在给它拍照时，它正站在孩子们的塑料小鸟玩具上……它可真是我们一年四季都能看到的“开心果”。

雄性帝国

欧亚鸲（雄性）一直在保卫自己的领地，偶尔也会与它们成熟的后代发生冲突。为了维持足够的生存空间而进行的斗争频繁又暴力，有时甚至是致命的。但在大多数情况下，我们的朋友只要骄傲地展示它们的红胸脯，就能吓跑对手，但是它们的表亲蓝喉鸲鸟可不是打败的欧亚鸲哦……

女建筑工人

如果争夺领地是雄欧亚鸲的责任，那么雌欧亚鸲就负责为未来的小家搭建一个舒适温暖的爱巢。它们通常会将巢穴建成穹形，树叶、苔藓和羽毛都是它们的建筑材料。

欧亚鸲常常在地面上，因为它们习惯在草丛和树叶中觅食……

12月的雨水
打湿了我的
羽毛，我看起
来消瘦了许多。
欧亚鸲会在除夏季换羽期之外的任何一个时间里鸣唱，
它们的歌唱更像是在宣告领地的主权。

安静，在生宝宝呢！

12月份举办“婚礼”后，雌鸟会入住雄鸟的领地，偶尔也会协助雄鸟来参与防御。在孵化期，雄鸟负责一日三餐，然后夫妇俩共同喂养幼鸟。每年的4～8月，4～7个鸟蛋会孵出2～3只幼鸟。为了喂养孩子，它们必须不停往返寻找食物、喂养幼鸟。

眼睛中的罗盘

有一部分欧亚鸲属于迁徙鸟类，但绝大多数都是定居欧洲的“原住民”。在冬天来临时，有些欧亚鸲会迁徙到更加温暖的地带。为了在迁徙过程中定位，鸟类会运用体内的“指南针”捕捉地球磁场。但是，手机、电视等人类活动造成的电磁污染，似乎正在扰乱鸟类的迁徙。欧亚鸲对这些电磁特别敏感。德国和英国的科研团队目前正在致力研究电磁干扰是如何影响鸟类的迁徙的。为了能够找准方位，鸟类会同时使用视网膜细胞（隐色素）和大脑中的磁晶体。仔细想想，“麻雀的大脑”这个形容应该是一种恭维！同样，其他的小生物如蜜蜂，也因为同样的原因会受到定位的干扰。

虽然欧亚鸲很常见，但丝毫不影响大家公认它是由最伟大的雕塑家设计出来的这个评价。当我沉浸在它精致的羽毛中时，我仿佛感受到了丢勒的画作之美……

马塞洛（绘）

为了拍摄欧亚鸲的这张正面照片，我花了将近三周的时间，做了很多徒劳无功的尝试……虽然这很正常并且有时会令人沮丧，但成片以后，什么都是值得的！

自1981年起，欧亚鸲在法国全境受到保护。

光彩夺目的闪蓝色蟌

Calopteryx splendens splendens (Harris, 1782)

我经常在我的家乡（法国香槟区）追寻那些空中和水中嬉戏的“美少女”——蜻蜓。我对蝴蝶的爱有一部分是它们带来的。这些水中的精灵在我的家乡尤其常见。全法国，包括科西嘉岛在内，共有 100 种不同种类的蜻蜓，在我家乡至少能找到其中 78 种。不过，在这里我邀请你深入探索其中拥有最纤细身材的蜻蜓——色蟌。

♀雌性成年色蟌。

我已经在河边坐了好几分钟，清晨的薄雾慢慢散去，在我的右边，金色的光辉缓缓撒落，倒映在水面上。我身边闪过了金属光泽的身影，几乎可以很确定地说，这些肯定是色蟌，它们的飞行具有很高的辨识度，类似于蝴蝶，它们会不断地拍打着透明的双翅，上上下下，有时还给我们一种要“坠机”了的错觉。现在是 5 月中旬。快到 8 点了，这是我和色蟌在今年的第一次相遇。我喜欢蜻蜓，它们拥有透明的双翅、具有欺骗性的脆弱感（看上去如此脆弱不堪的它们已经进化了 3.2 亿年），它们的体色是多么的鲜艳美丽呀！我喜欢看它们巡视领地、从树枝上跃起捕杀猎物，也喜欢在荆棘中和树枝间找寻它们、欣赏它们在柳叶间展开透明的翅膀。你应该看出来了：我是多么喜欢蜻蜓！

如何辨认雌雄色蟌？

在通常情况下，绝无可能分辨不出色蟌和蜻蜓。色蟌生有两对完全相同的翅膀，这对翅膀在色蟌不动时会叠在一起，这一特征存在于该亚目丝蟌科的所有成员中。而蜻蜓的前后翅是不同的。蜻蜓一落地，两对翅膀就会平展地张开。此外，色蟌的复眼分立在头部两边，有点类似我们的耳朵的位置，但是蜻蜓的复眼是紧紧挨在一起的。蜻蜓的体形更大，像戴眼镜的飞行员。另外，色蟌的翅膀也是五颜六色的。雄性和雌性色蟌很容易通过明显的二型性来区分：雄性是蓝绿色的，翅膀上有深蓝色的点缀，雌性是绿色的，琥珀色的翅膀上有绿色的翅脉。色蟌们喜欢群居，通常能看到几十只雄性色蟌盘旋在水面上，而雌性色蟌则喜欢躲在芦苇丛中。从 5 月末到 8 月末的时间段里，在整个欧洲都能看到色蟌的身影。

与水相依

我知道有一条蜿蜒曲折的小河，那里居住着一个色蟌大家族。近十年来，我每年都会骑着山地车到那里玩耍，这条小河距离路边仅几米远。我会一动不动地在那里驻足观察，有时候我会用小木棍从水中救出一只溺水的色蟌，这可能很愚蠢，也可能无用，但我很愿意去相信，多亏了我，这只色蟌才会活得更长……

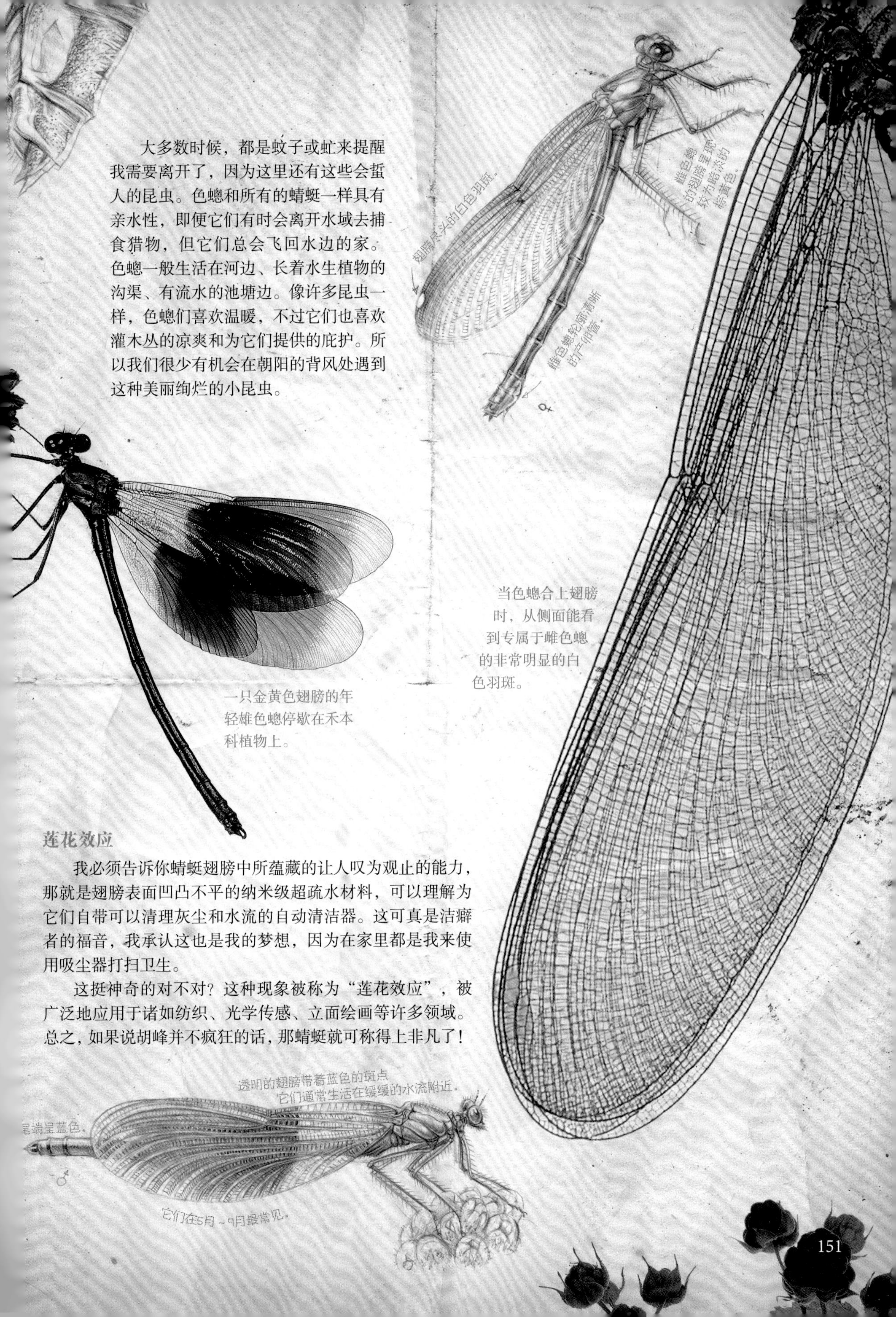

翅膀尽头的白色羽斑。
雌色蟌的翅膀呈现较为暗淡的棕黄色。
雌色蟌轮廓清晰的产卵管。
♀
透明的翅膀带着蓝色的斑点
它们通常生活在缓缓的水流附近。
尾端呈蓝色。
♂
它们在5月～9月最常见。

大多数时候，都是蚊子或虻来提醒我需要离开了，因为这里还有这些会蜇人的昆虫。色蟌和所有的蜻蜓一样具有亲水性，即便它们有时会离开水域去捕食猎物，但它们总会飞回水边的家。色蟌一般生活在河边、长着水生植物的沟渠、有流水的池塘边。像许多昆虫一样，色蟌们喜欢温暖，不过它们也喜欢灌木丛的凉爽和为它们提供的庇护。所以我们很少有机会在朝阳的背风处遇到这种美丽绚烂的小昆虫。

当色蟌合上翅膀时，从侧面能看到专属于雌色蟌的非常明显的白色羽斑。

一只金黄色翅膀的年轻雄色蟌停歇在禾本科植物上。

莲花效应

我必须告诉你蜻蜓翅膀中所蕴藏的让人叹为观止的能力，那就是翅膀表面凹凸不平的纳米级超疏水材料，可以理解为它们自带可以清理灰尘和水流的自动清洁器。这可真是洁癖者的福音，我承认这也是我的梦想，因为在家里都是我来使用吸尘器打扫卫生。

这挺神奇的对不对？这种现象被称为“莲花效应”，被广泛地应用于诸如纺织、光学传感、立面绘画等许多领域。总之，如果说胡峰并不疯狂的话，那蜻蜓就可称得上非凡了！

透明区域
隆节
透明区域
生殖环
♂
♀
蜷起的尾部牢牢地钳住雌性的脖子。
雌蜻蜓的产卵器。
正在捕食的色蟌水蚤。
水蚤阶段会持续两年。
卵
若虫

一对在“婚礼”前享受平静的色蟌伴侣。

生命是一个心形环

色蟌有着和蜻蜓一样的生命轨迹：卵、成虫、水蚤，从生到死通常为1～2年。对于大多数物种来说，雄性把雌性抓住后，就会开始交配，但对于色蟌来说，交配产卵之前，会“举行”一个相对复杂的“婚礼仪式”。雄性色蟌会显摆一些杂技姿势来引诱准新娘，其中之一就是雄性色蟌会让自己落入水里，然后浮在水面上停几秒钟再起飞。我们也可以认为这个“仪式”是帮助雌性色蟌来预判产卵地的水流速度。

色蟌的交配本身就非比寻常。交配的情侣会组成一个心形的形状。雄色蟌会用其尾部的钩子紧紧地抓住雌性的颈部，然后小心地将精液从生殖器转移到交配部位（从第 9 腹节转移到第 2 腹节）。真是一项有难度的运动。交配可以持续几秒钟到几分钟，这取决于雄色蟌是否确定已经成功地让雌色蟌受精。然后雌色蟌会独自在水生植物上直接产卵。这时候，雄色蟌会在它上空盘旋，以保护自己的“妻儿”。在产卵时，有的色蟌会因为忽视入水深度而坠落水中香消玉殒。

求偶的舞会即将开始……
蜕皮（几丁质表皮）
色蟌在水面
下产卵
♀
将腹部部分
插入水中

雄色蟌从远处即可被辨认出来，其颜色偏深。
体色鲜艳夺目的蓝色雄色蟌，每个翅膀上都"镶"着大大的蓝黑色羽斑，在飞行时很好辨认。
短短的尾
即将起飞的年轻雄色蟌。
色蟌的食物还包括飞行中的昆虫。
短尾
卵管
♀
雌性色蟌的尾端。

开饭了！

我认为，而且我也常听到人们说，蜻蜓是凶猛的食肉动物。确实，蜻蜓的稚虫经常会以蠕虫、幼虫、浮游生物、蝌蚪甚至小鱼为食，体形小一些的昆虫成虫也在它们的菜单上。它们是生物多样性的良好指征。蜻蜓也有天敌，鸟类、蜘蛛、螳螂和青蛙都喜欢享用它们的美味。

但是它们最大的风险还是来自人类和城市扩张所带来的影响。

实用小贴士

如果想拍摄蜻蜓，最好选择在上午或傍晚。那时的光线不那么刺眼，美丽的蜻蜓也不那么活跃。选择好取景地，注意不要踩到太多的灯芯草。如果你的预算允许，就选择 100mm 微距的 APS-C 相机或 150mm 微距全尺寸传感器的相机。这些建议以你的个人意愿为准，但在让自己心满意足的同时有一个基本原则，那就是尊重你要拍摄的对象和它所处的生态环境。

两只雌色蟌和一只雄色蟌正舒适地停歇在黄睡莲上。色蟌是依赖淡水生存的物种。没有淡水，便谈不上色蟌的存在。其后代的生存取决于淡水的质量。不足地球表面积 1% 的淡水栖息地上，居住着超过 25% 的脊椎动物、126000 多种动物物种和近 2600 种水生植物（肉眼可见的水生植物）。

我爱你，便留给你赖以生存的家园

对于色蟌和其他众多的物种而言，生存的最大威胁便是生存家园——湿地的消失。仅在欧洲，就有 80 种物种濒临灭绝。保住它们赖以生存的栖息地势在必行。

这是昆虫的额剑！是啄木鸟的喙！是个海角！我说什么呢，这是一个海角？这是一个半岛！
基斑蜻
(Libellula depressa)。
♂
成年象虫

沼泽鸢尾

王权之花

Iris pseudacorus (Linnæus, 1753)

这一次，我们将要去邂逅一种寻常而美丽且象征着美德的植物，那就是沼泽鸢尾，也借此机会认识一下它密不可分的小伙伴——圆滚滚、活泼好动的象虫。

水的故事

传说法国国王纹章的灵感来自鸢尾花，而不是百合花。在我们的河边，种植着许多鸢尾花，这种植物是半水生的，属于鸢尾科。它还有几个俗名，例如：沼泽鸢尾（因为经常出现在沼泽里）、假菖蒲鸢尾（因为看起来像菖蒲）、黄色鸢尾（因为颜色）、水之火焰（因为会在水边的阳光下绚烂开放）和圣东日玻璃顶（因为广泛生长于圣东日地区）。总之，这些俗名采用的都是逻辑简单而有效的命名方式。

金黄色

怒放的沼泽鸢尾，就像金黄色的火焰一般。在每年的 5、6 月，甚至是 7 月，我们都能看到这种鸢尾花，它有 3 片外花瓣和 3 个较小的萼片。象虫会以它们的花粉和花瓣为食。

生物环境

仅需要一点点水和阳光沼泽鸢尾就可以茂盛地生长。我们经常会在水坑、池塘、湖泊、河流的岸边，甚至在潮湿的沟渠边发现它们的丽影。简而言之，就是几乎无处不在。沼泽鸢尾喜欢把根部扎入水中。

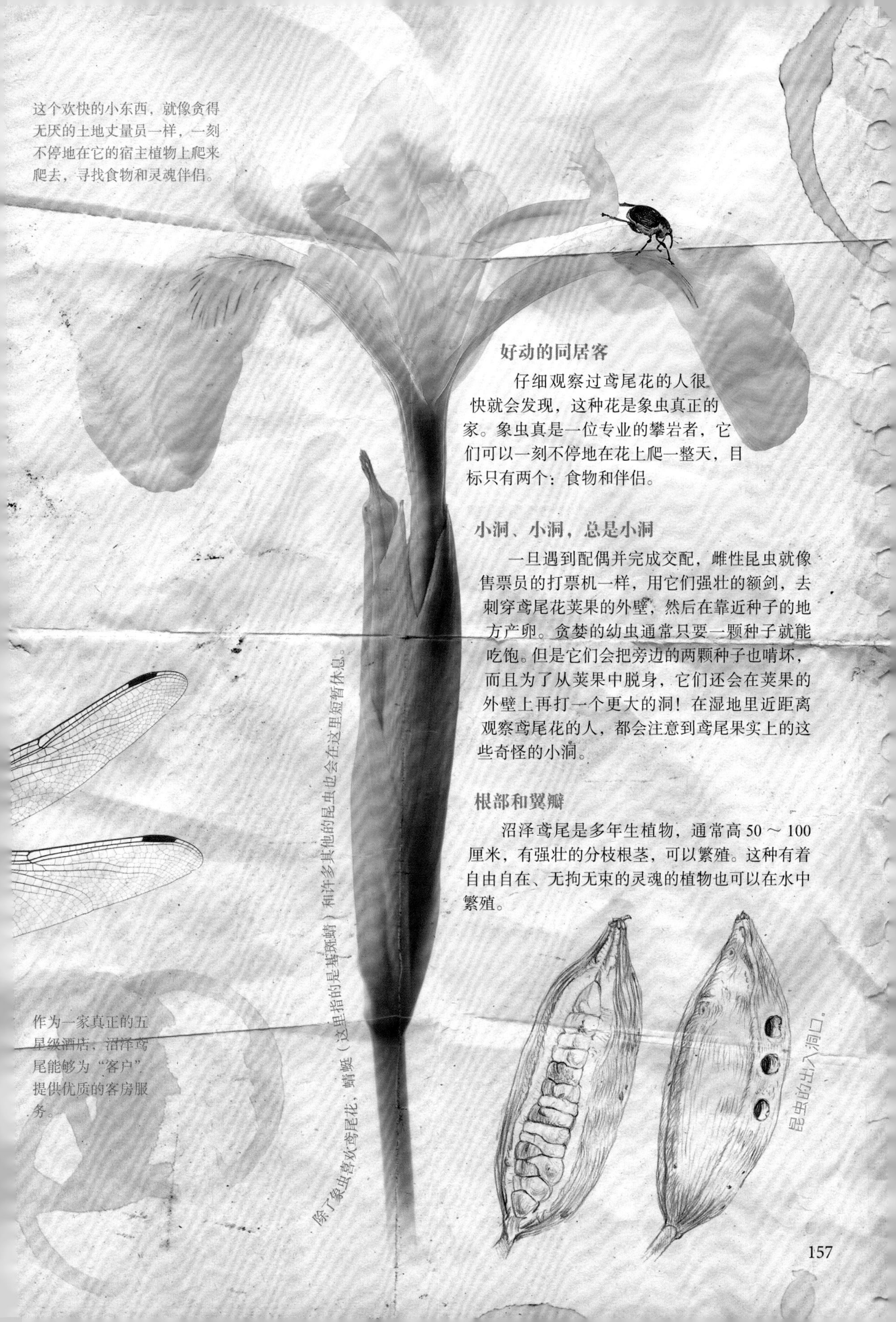

这个欢快的小东西，就像贪得无厌的土地丈量员一样，一刻不停地在它的宿主植物上爬来爬去，寻找食物和灵魂伴侣。

好动的同居客

仔细观察过鸢尾花的人很快就会发现，这种花是象虫真正的家。象虫真是一位专业的攀岩者，它们可以一刻不停地在花上爬一整天，目标只有两个：食物和伴侣。

小洞、小洞，总是小洞

一旦遇到配偶并完成交配，雌性昆虫就像售票员的打票机一样，用它们强壮的额剑，去刺穿鸢尾花荚果的外壁，然后在靠近种子的地方产卵。贪婪的幼虫通常只要一颗种子就能吃饱。但是它们会把旁边的两颗种子也啃坏，而且为了从荚果中脱身，它们还会在荚果的外壁上再打一个更大的洞！在湿地里近距离观察鸢尾花的人，都会注意到鸢尾果实上的这些奇怪的小洞。

根部和翼瓣

沼泽鸢尾是多年生植物，通常高 50 ～ 100 厘米，有强壮的分枝根茎，可以繁殖。这种有着自由自在、无拘无束的灵魂的植物也可以在水中繁殖。

除了象虫喜欢鸢尾花，蜻蜓（这里指的是基斑蜻）和许多其他的昆虫也会在这里短暂休息。

作为一家真正的五星级酒店，沼泽鸢尾能够为“客户”提供优质的客房服务。

昆虫的出入洞口。

这只虫子正在明目张胆地大快朵颐呢。它确实不用节俭，毕竟在这里，吃住都是免费赠送的！

整个植株都是它的食物，叶子都被它们当成了零食！

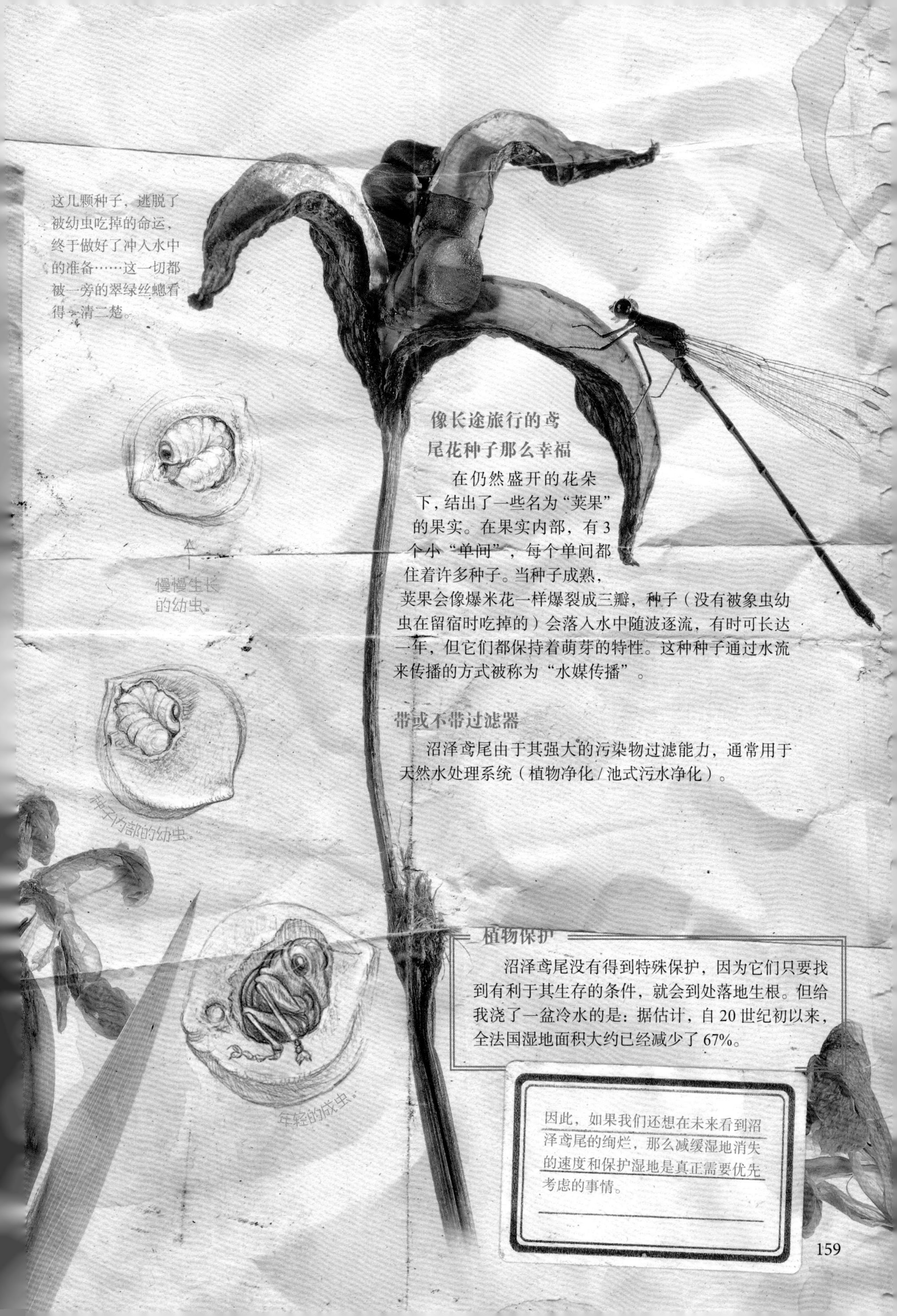

这几颗种子，逃脱了被幼虫吃掉的命运，终于做好了冲入水中的准备……这一切都被一旁的翠绿丝蟌看得一清二楚。
慢慢生长的幼虫。
种子内部的幼虫。
年轻的成虫。

像长途旅行的鸢尾花种子那么幸福

在仍然盛开的花朵下，结出了一些名为“荚果”的果实。在果实内部，有3个小“单间”，每个单间都住着许多种子。当种子成熟，荚果会像爆米花一样爆裂成三瓣，种子（没有被象虫幼虫在留宿时吃掉的）会落入水中随波逐流，有时可长达一年，但它们都保持着萌芽的特性。这种种子通过水流来传播的方式被称为“水媒传播”。

带或不带过滤器

沼泽鸢尾由于其强大的污染物过滤能力，通常用于天然水处理系统（植物净化/池式污水净化）。

植物保护

沼泽鸢尾没有得到特殊保护，因为它们只要找到有利于其生存的条件，就会到处落地生根。但给我浇了一盆冷水的是：据估计，自20世纪初以来，全法国湿地面积大约已经减少了67%。

因此，如果我们还想在未来看到沼泽鸢尾的绚烂，那么减缓湿地消失的速度和保护湿地是真正需要优先考虑的事情。

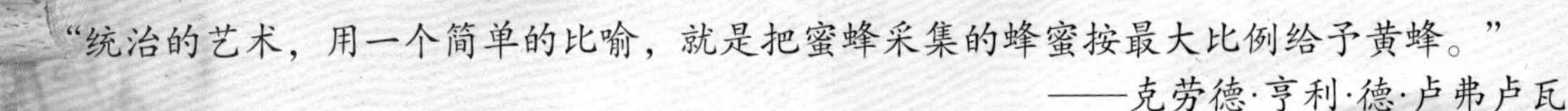
“统治的艺术，用一个简单的比喻，就是把蜜蜂采集的蜂蜜按最大比例给予黄蜂。”

——克劳德·亨利·德·卢弗卢瓦

（圣西门伯爵、哲学家、经济学家和军人。如此多的头衔，说明他至少有一个活跃的灵魂）

#救救我们的蜜蜂！
#十万火急！

角额壁蜂

花园里的有用住户

Osmia cornuta (Latreille, 1805)

交配通常发生在地面、蜂巢或周围的植被中，可能持续数分钟。

3月，我这个花了大部分时间来观察花园里的一切动态的人，已经迫不及待地希望一切都复苏起来！在一个旧窝棚前面有一块荒芜的空地，多年来那里一直都是许多种昆虫的客栈，一只独立的蜜蜂就居住在这个不起眼的廉租房里。

和这位飞来飞去、辛勤采集花粉和花蜜的工作者来场约会吧！

♂

♀

二型性

雌性壁蜂体长 12 ～ 15 毫米，前额和胸部都覆盖着黑色的绒毛，腹部有棕橙色的绒毛。其腹部的隆起用于收集花粉。它们的前额还长有两只小角，它们的名字就是这么来的。而雄蜂的体形较小，角被一簇白毛取代，它们在巢中并不活跃，这一点也让它们更容易被分辨出来。

雌蜂的体形会比雄蜂的体形大，在额头处并没有这种白色的额发，取而代之的是两只角。

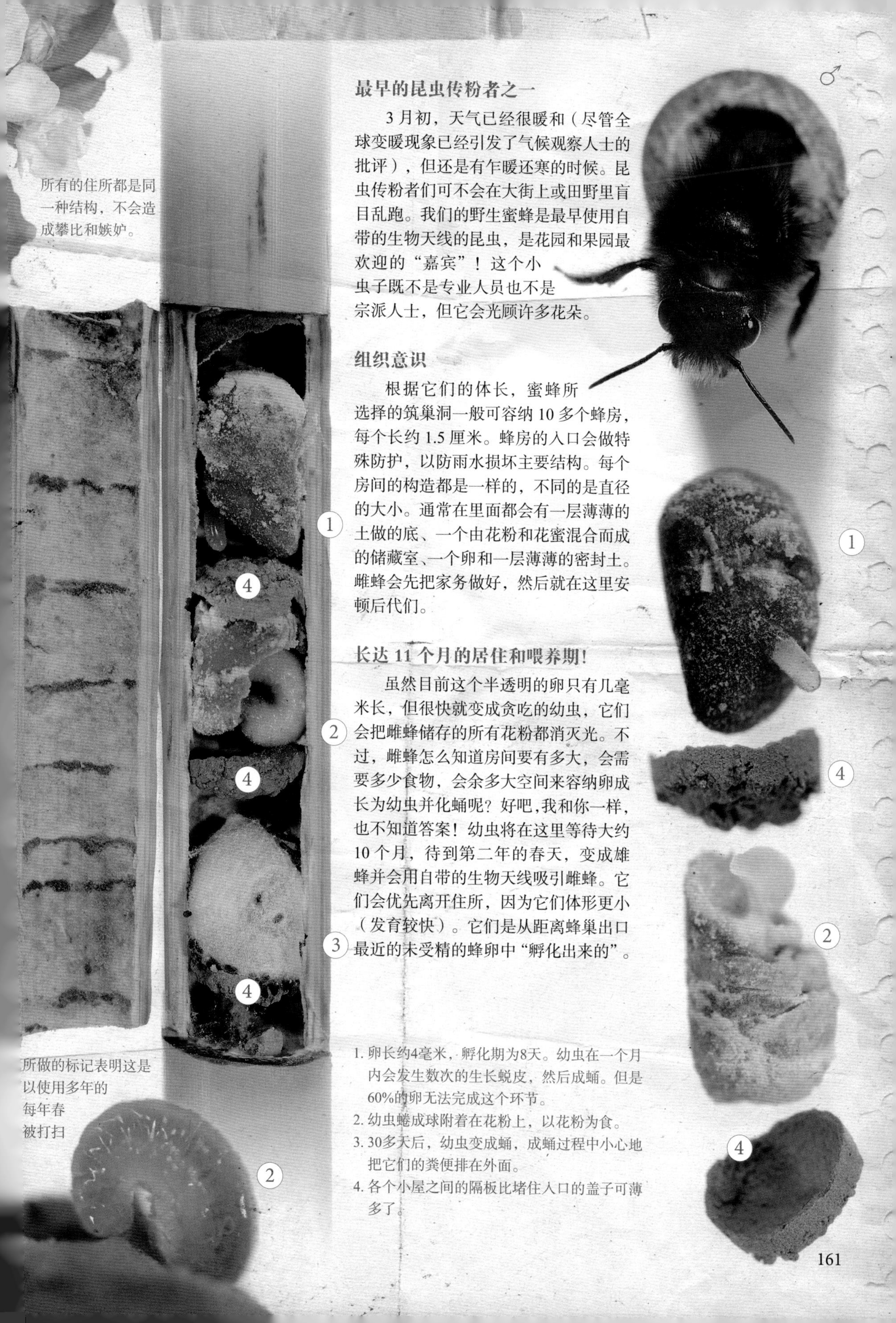

所有的住所都是同一种结构，不会造成攀比和嫉妒。

所做的标记表明这是以使用多年的每年春被打扫

最早的昆虫传粉者之一

3月初，天气已经很暖和（尽管全球变暖现象已经引发了气候观察人士的批评），但还是有乍暖还寒的时候。昆虫传粉者们可不会在大街上或田野里盲目乱跑。我们的野生蜜蜂是最早使用自带的生物天线的昆虫，是花园和果园最欢迎的“嘉宾”！这个小虫子既不是专业人员也不是宗派人士，但它会光顾许多花朵。

组织意识

根据它们的体长，蜜蜂所选择的筑巢洞一般可容纳10多个蜂房，每个长约1.5厘米。蜂房的入口会做特殊防护，以防雨水损坏主要结构。每个房间的构造都是一样的，不同的是直径的大小。通常在里面都会有一层薄薄的土做的底、一个由花粉和花蜜混合而成的储藏室、一个卵和一层薄薄的密封土。雌蜂会先把家务做好，然后就在这里安顿后代们。

长达11个月的居住和喂养期！

虽然目前这个半透明的卵只有几毫米长，但很快就变成贪吃的幼虫，它们会把雌蜂储存的所有花粉都消灭光。不过，雌蜂怎么知道房间要有多大，会需要多少食物，会余多大空间来容纳卵成长为幼虫并化蛹呢？好吧，我和你一样，也不知道答案！幼虫将在这里等待大约10个月，待到第二年的春天，变成雄蜂并会用自带的生物天线吸引雌蜂。它们会优先离开住所，因为它们体形更小（发育较快）。它们是从距离蜂巢出口最近的未受精的蜂卵中“孵化出来的”。

1. 卵长约4毫米，孵化期为8天。幼虫在一个月内会发生数次的生长蜕皮，然后成蛹。但是60%的卵无法完成这个环节。
2. 幼虫蜷成球附着在花粉上，以花粉为食。
3. 30多天后，幼虫变成蛹，成蛹过程中小心地把它们的粪便排在外面。
4. 各个小屋之间的隔板比堵住入口的盖子可薄多了。

虽然壁蜂像所有蜜蜂科的昆虫一样携带蜂刺，但它们的性情平和得出奇。

有耐心的机会主义者

雄蜂们总是执着耐心地在蜂巢的出口等待着雌蜂从巢穴里出来。雌蜂一旦出来，雄蜂们绝不会谦让，全都在第一时间冲上去"捕捉"心仪的美娇娘。它们可以不加任何思索地奉献自己，因为这确确实实是雄蜂成年后唯一的使命。

寄生和入室盗窃

当蜜蜂循环往复地忙于筑巢、产卵、采蜜时，有一些昆虫会趁机将自己的卵产在蜂巢内，或者偷走花粉！勤劳的工蜂每天的飞行时间接近 14 小时，外出采蜜多达 100 次，这就给那些包括黄蜂在内的偷盗、寄生的惯犯以可乘之机，利用这个空当入室偷窃花粉。

在这些终日忙碌的壁蜂们建造的舒适宜居的蜂巢周围，潜伏着诡计多端的胡蜂，它们在挖空心思、想办法寄生在这些巢穴中，好在里面产卵孵化。真是蜜蜂界的"杜鹃鸟"，就喜欢做些"鸠占鹊巢"的坏事。

栖息地

蜜蜂通常都会在远离密集耕地的地方筑巢，比如：果园、花园、草地、枯树及建筑物等。

生存威胁和天敌

如同所有的昆虫一样，蜜蜂也一样受到来自人类的压力和密集型农业用品使用的影响。

亲手打造壁蜂客栈

现如今，你可以很容易地在网上找到精装修、拎包入住的公寓，比如法国52省FRONCLES市的ESAT公寓。你也可以给蜜蜂们提供这样的住所。最简单、快速的方法如下：取2～3根30厘米长的圆木，使用6～10毫米的钻头、铁丝、钉子、2块木板（宽20厘米、长30厘米，木托盘板条就可以）将圆木并排固定在一起，盖上一块大瓦片，然后放在一个避风遮雨的地方，这样就可以为那些无家可归的蜜蜂打造一个幸福的避难所。

不过，在理想的世界里，这样的客栈是多余，因为生物种群还不会退化到需要人来帮助它们筑巢的地步。

所以，最可行的办法其实就是立即通过修剪草坪将你家的院子改造为蜜蜂的栖息地，草坪修剪要适度，不能太频繁，毕竟昆虫们传粉也需要蒲公英、雏菊、三叶草和其他的花朵……

给昆虫们留点空间和食物，也未尝不可……

一只雌性壁蜂可以以一己之力为好几棵树木授粉！但是它们更加喜欢三叶草、雏菊和蒲公英这些草本植物。

#爬行的蜜蜂。
#不要农药。

赭带鬼脸天蛾
蜂巢盗贼

Acherontia atropos (Linnæus, 1758)

赭带鬼脸天蛾毛虫的典型触角特写。

非洲温暖的季风把它们带到了我们的国度，随后它们便在法国到处安营扎寨了。它们都有哪些独特的秘密呢？我们一起来试着探寻一下吧……

让我们一起来探索这种欧洲最令人印象深刻、体形最大的鳞翅目飞蛾吧！

名副其实的“巨人”

赭带鬼脸天蛾的毛虫体长平均约10厘米，有些个体会长达14～15厘米。赭带鬼脸天蛾翼展可达13厘米，是欧洲这一科中体形最大的代表，在旧大陆范围内其体形也仅次于大天蚕蛾。

它们也是欧洲体重最大的鳞翅目昆虫，雌性体重为1.5克。虽然它们的吻管很短，但却强壮而尖利，蜂巢海盗可不是浪得虚名的！

赭带鬼脸天蛾的毛虫会竭尽全力吃树叶，其大部分时间都用于觅食，不然怎么可能长成欧洲最大的飞蛾呢？

精细的美食家

赭带鬼脸天蛾的成虫特别钟爱蜂蜜，借助强有力的吻管，它们能够穿透蜂巢的封盖，直接汲取美味佳肴。如果遇到蜜蜂的抵抗，它们会用自己的大翅膀来击退那些保卫家园的蜜蜂。不过，一旦被蜂蜜覆盖，它们可能会无法从蜂巢中脱身而出，会被蜜蜂的混合物呛死，之后会被蜂胶覆盖身体。这里可能就成了赭带鬼脸天蛾的葬身之地了。

但是，在法国，赭带鬼脸天蛾毛虫的吃食并不那么奢华。我们会在土豆、胡萝卜、茉莉花和女贞树上发现其毛虫的行踪，它们爱吃的食物超50种之多，包括甜菜、橄榄、葡萄、烟草、茉莉花、野胡萝卜和荨麻等。真是不折不扣的“大胃王”。在植物生长的地面上，它们留下的大大的粪便常常会暴露它们的行踪。

音乐发烧友

这种大飞蛾在音乐方面实在是太出色了！它们是少数几种能发出声音的鳞翅目昆虫之一，尤其是当它们受到惊扰时。它们的叫声通常由两个连续的音色组成。它们首先通过吻管吸进空气，导致吻管在咽部扩张：进气时发出吱吱声，出气时发出的声音更尖利。不过这和呼吸没有什么关系。这可以算得上是昆虫界的一个非常独特的特点了。

广泛分布的女贞树是飞蛾科很好的蛋白质来源。

西方蜜蜂。

赭带鬼脸天蛾知道如何悄悄地让自己与自然融为一体。

拟态性

赭带鬼脸天蛾在静止时会把两个大翅膀收起来，伪装成树干的一部分，这样往往可以逃过捕食者和养蜂人的追捕。

无法越冬

在欧洲，每年会有两代赭带鬼脸天蛾。第一代是在早春时节从非洲迁徙过来的成虫，它们会把卵产在宿主植物的叶子背面；第二代是在两个月后出生在法国本土的成虫，但它们在法国似乎没有滞育这个阶段，所以晚熟的蛹是不能越冬的，偶尔会在法国南部出现一些比较罕见的例外情形。

伟大的启程。

地下重生

像大多数飞蛾科昆虫一样，赭带鬼脸天蛾的化蛹过程也是在地下完成的，有时甚至会把蛹放入深达地下 20 厘米处的地方。毛虫会在发育的最后一个阶段给自己造一个小土房子，然后，在里面待上 4 ～ 8 周的时间，这个时间是随气候而变化的。成虫一般会在夜晚羽化，利用夜色来躲避天敌的视线。

出生在法国的赭带鬼脸天蛾，会为了飞回非洲而飞越海拔3000多米的阿尔卑斯山。

伟大的航海家

这些爱冒险的航海家来自非洲。而今，它们的足迹跨越了西班牙、马格里布地区，已经到了东南亚。它们善于利用来自非洲的温暖季风，搭着这个“顺风车”，有时还可以到达冰岛、芬兰，甚至俄罗斯！它们强有力的身躯和酷似战斗机的外形说明它们就是为高速飞行而生的。难怪有时它们的迁徙距离可达到 3000 公里。

马塞洛（绘）

蜜蜂是一种会采蜜酿蜜的昆虫，最令人熟知的用于生产蜂蜜的是欧洲蜜蜂。

曾经的迷信

1758 年，瑞典博物学家卡尔·冯·林奈首次将这种飞蛾取名为“狮身人面像飞蛾”。它们现在的名字——赭带鬼脸天蛾源自希腊语，Acherontia 是指希腊神话中通往地狱的冥河；Atropos 是指掌管人类生、死和命运的三位女神。简要地说，它们的命名过程没有什么值得开心的事情。因为这些典故，再加上其背部的“鬼脸”，还有诡异的尖叫，不难理解为什么长期以来，赭带鬼脸天蛾一直被视为迷信和恐怖的代名词，尤其是在布列塔尼地区。

空中海盗的残酷现实

赭带鬼脸天蛾在我们这个纬度上的数量减少是蜜蜂消失后的生物链效应吗？它们在法国并没有得到特殊保护，就像许多蝴蝶和其他昆虫一样，在城市化或密集的农业地区已经很难找到它们的踪迹了——人口拥挤和广泛使用杀虫剂，让它们越来越难找到立足之地……

这会儿，大飞蛾已经变成了一个影子，很快，它将成为天空中的一个小黑点。它就这样义无反顾地带着背部的图案飞回故乡去了。

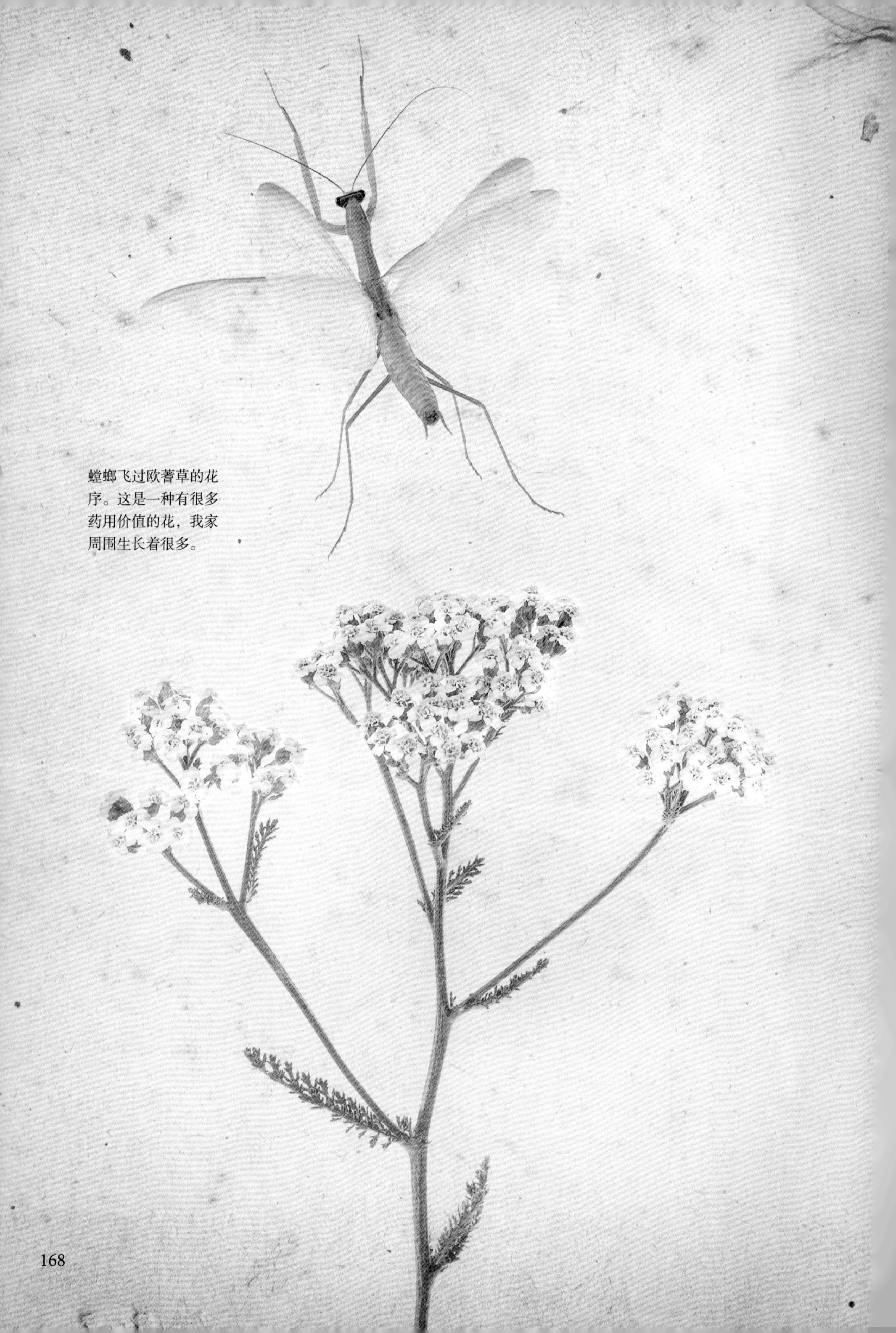

螳螂飞过欧蓍草的花序。这是一种有很多药用价值的花，我家周围生长着很多。

在摄影师的眼中

近20年来，我一直在为我的动物邻居和动物朋友们拍照。我想和大家分享我的一些体会，不仅仅是描述某个物种而是如何“打开”大自然。

“欲加之罪，何患无辞。不喜欢大自然的人，一只小鸟都会让他无法忍受。”

——《橡树和芦苇》，拉封丹寓言

普通火冠戴菊莺

最小的国王

Regulus ignicapilla (Temminck, 1820)

潮湿的香槟区

当我刚来到真正的农村，面对着这里的田地、森林、农民、冬天冒着烟的烟囱，还有一堆昆虫、花草和树木的时候，我想，“这里一定会无聊到死！”但20年后，我可以向你保证，要把我从这个地方拉走，可能八匹马都有点费劲。大自然里既不无聊也不安静，这里发生着太多不可思议的事情，每一天都是全新的。在这里，起决定作用的不是时尚，而是实用。

雌鸟负责筑巢……

在路上度过神圣的一天

每天我都会到户外。我过马路的时候手里总是拿着各种在马路上迷失自己的小虫子，拯救它们于车轮之下。毛毛虫是最多的，大的、小的、胖的、瘦的、长刺的、让我过敏的等，还有一些金龟。青蛙和蟾蜍这样的无尾目，倒是在我的车库里更常见，这让我挺欣慰，它们在这里谈情说爱总比在大马路上忘乎所以要安全得多，俗话说“爱情使人盲目”，这话用在它们身上也很准确。我们这个地区，在戴尔湖旁边专门给它们修建了一条“爱情高速路”，就是为了避免这些浪漫的爱情转瞬变成悲剧。

♀

一张照片，一个故事

自然而然地，每天都会遇到的这些动植物让我产生了极大的兴趣。每一次相遇都是独特的，其中不乏一些让人难以置信、离奇怪诞的故事。

一只奇怪的小鸟在学校里被救

这只小鸟像许多郊区的孩子一样（我也是一名郊区的孩子），被国民教育给拯救了！卡蒂，我的妻子，是一名教师。是的，她的任务非常艰巨！7月的一天早晨，她焦急地给我打电话：“有一只小山雀飞进教室里来了，我们只能把窗户打开一点，我担心它会受伤……”

3分钟后，我就带着一个温箱去救这只小鸟了。

① 译者注：该鸟头上是戴着一顶皇冠一样因而被称为国王。

它重5～7克，是欧洲最小的鸟类之一。

我用手快速捂住这只小毛球的时候，它还有些不安，但当我把它放进温箱并用黑布把温箱盖上之后，它就安静了下来。这只小鸟，其实是一只戴菊莺，它只吃昆虫，所以放在笼子里面的那些葵花子真是一点儿用都没有。

调查

但这只鸟究竟是怎么跑到教室里的凳子上去的呢？是出于对知识的渴望吗？好吧，肯定不是！其实它只是在卡蒂的一个同事的书包里进行了一次隐身旅行！它被这位老师的狗追逐，无处藏身，误打误撞藏进了老师的书包里，书包又被老师带进了课堂里。不过，在开始上课后，这只好奇的小鸟一定是因为想了解更多的知识，所以忍不住跳了出来。

蜘蛛和昆虫都是戴菊莺最主要的食物来源。

只有5克，但却……

把这团小绒球放入掌心的时候，我觉得我手里捧着最珍贵的东西。毫无疑问，生命就是最宝贵的财富！这个小小的毛球温暖而充满活力，在我心中激起了无限的情感。这也是我在摄影中孜孜以求的情感，是我期望能够通过作品所传达的情感。当然，这很有挑战性，但这是一个美丽的挑战。自从我第一次接触大自然之后，它就一直影响着我的选择。这只小鸟体长约9厘米，翼展为14～16厘米，重5～7克。它是欧洲最小的鸟类之一，寿命大约是4年。

年幼的鸟身上的羽毛会保持3个月，然后它们就会换毛。

雌鸟和雄鸟外貌特征的区别在于头部中央的颜色，雄鸟是亮橙色的、雌鸟是黄色的。

普通火冠戴菊莺还以它们肩膀上的古铜色和宽宽的白眉毛区分于戴胜鸟。

只须点击几下

我飞快地回到办公室，迫不及待地开始我的摄影工作。我的设备总是架好的，因为我永远不知道我会遇到什么样的动物。但即使我知道我会遇到哪些动物，也不能打无准备之仗。我让窗户一直开着，这样当它想离开时，就不会撞到玻璃上。显而易见的是它很想离开我这里，看来小鸟确实不喜欢文案工作。我立刻看了看导出到电脑屏幕上的照片，有些是成功的，有些差强人意，那是因为我在拍摄时抹掉了树枝，所以把我的工作变得复杂化了，而且也没有足够的景深。摄影总是变幻莫测的，但这只小鸟给我留下的短暂的抓拍时间，已经让我有足够的素材去进一步研究了。我先发一张照片给我的朋友约翰•德克莱姆，让他来确认一下这只鸟是不是普通火冠戴菊莺。

“西－西”的声音

普通火冠戴菊莺会发出“西—西”的声音，那是在呼唤它的公主吗？那肯定是了！

它不仅要获得公主的芳心，还期待着公主去建造它们的爱巢。

这种鸟一般会在 4 ～ 8 月间筑巢，然后产下 1 ～ 2 窝鸟蛋，每窝有 7 ～ 9 只，孵化的时间大约为 15 天，小雏鸟大约 3 周后就可以自力更生了。

在树叶下寻找食物的念头几乎立刻就回来了。

在茂密的植被中，颜色明亮的头部可以使它们很容易被同伴们认出来。
我习惯在树叶下面捕食。
这只“小国王”会不停地“西—西”地叫，好像在呼唤它的公主。
每日食谱。

啄食

虽然它们偶尔会在树枝上啄食吃，但它们通常会捕猎隐藏在树叶中的昆虫。它们有可能会被人误认为是戴胜鸟。它们飞行的速度太快了，有时候确实难以发现这些细节。这两种鸟类主要都以昆虫和蜘蛛为食。冬天，我们的朋友会跟蓝山雀一起来鸟食盆里找食吃，你很快就有机会在花园里看到它们了！

栖息地：阔叶林或混交林、茂密的树林、灌木丛都是它们的家园。如今，普通火冠戴菊莺在全法国受到保护。

鞘翅目昆虫的神奇飞行

鞘翅目昆虫是我们的朋友，它们中最为我们所熟知的可能就是喜欢生活在沼泽鸢尾中的象虫了。让我们一起来欣赏一下它们神奇的飞行吧。

车主之旅

鞘翅目昆虫是昆虫里数量最多的物种，从生物多样性的角度来说，鞘翅目昆虫约占全部陆地动物数量的25%。这也就解释了为什么我们总能遇到它们。给它们列一个非常详尽的目录绝非易事，但是给它们拍照却相当简单：只需要一根手指头（用来说“嘘”），一只眼睛（对，海盗也可以做摄影师），还有一个能调用所有技能的大脑……不过，还是让我们先来更多地了解一下它们吧。

在享用了美味佳肴后，还有什么比做些运动更美好的事情呢？飞行时金匠花金龟的两个鞘翅是闭合的，这丝毫不影响它们的飞行，内翼翅从弧形缺口处伸出来，这样它们就可以飞上天了。

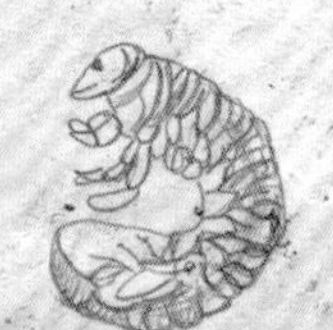

金匠花金龟也钟爱苹果树的花朵，它们可不是仅仅喜欢蔷薇花哟。

金匠花金龟的蛹。

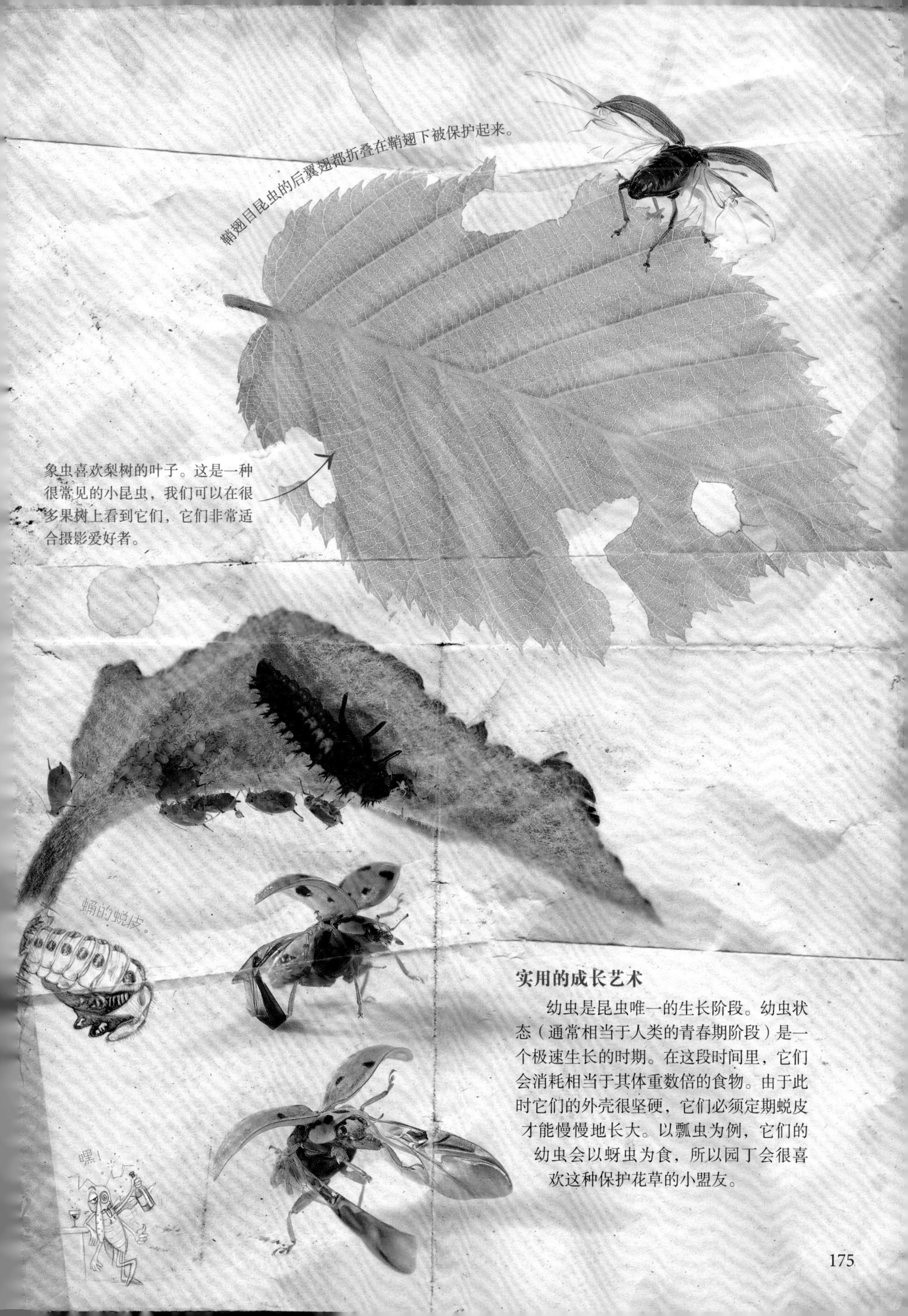

鞘翅目昆虫的后翼翅都折叠在鞘翅下被保护起来。

象虫喜欢梨树的叶子。这是一种很常见的小昆虫，我们可以在很多果树上看到它们，它们非常适合摄影爱好者。

实用的成长艺术

幼虫是昆虫唯一的生长阶段。幼虫状态（通常相当于人类的青春期阶段）是一个极速生长的时期。在这段时间里，它们会消耗相当于其体重数倍的食物。由于此时它们的外壳很坚硬，它们必须定期蜕皮才能慢慢地长大。以瓢虫为例，它们的幼虫会以蚜虫为食，所以园丁会很喜欢这种保护花草的小盟友。

像我们童年的魔术盒

不管是哪种甲虫都会把我们带回童年的记忆中去。谁会忘记自己充满好奇地看着那些不知疲倦的小甲虫在掌心中爬动，从这个手指头爬到另一个手指头的场景呢？但是，随着我们的成长，我们在昆虫身上所花费的精力和注意力越来越少了。当然，其中也有农田和荒野面积锐减的原因。不过我现在仍然保持着同样的孩子气，还会充满热情地看瓢虫从我的指尖爬过。每当此时，我的脑海中总是会浮现孩提时动听的童谣。

天牛也是花园里的居民。

像多功能瑞士军刀

像变形金刚一样的小甲虫深受孩子们的喜爱，很多孩子都在家或在学校里养甲虫。日复一日地观察昆虫的变化总是那么令人兴奋，从静止的卵到贪婪的幼虫，再到大量的蜕皮，直到难以置信的变态现象，一切都显得那么神奇，似乎就是为了一步步来诱惑好奇的人。所以不要犹豫，让你的孩子参与到对甲虫的热情中来吧。

深山锹形虫是欧洲全境最大的鞘翅目昆虫。

鞘翅目万岁！

鞘翅类昆虫的特点是有一对坚硬的外甲壳翅膀，通常带有颜色。这些翅膀仿佛一个引擎盖，必须打开才能露出里面的透明翅膀——那可真是一对漂亮的薄膜翅膀。这对神奇的翅膀会在中轴的位置上折叠起来，外甲壳打开时，就意味着它们准备飞行了。

闪闪发光

大多数昆虫打开鞘翅的速度都奇快，有的甚至快得根本无法用肉眼捕捉到这个画面。因此，在特写摄影中，就变得更为复杂，因为昆虫会快速地飞出取景框或者拍成虚影。唯一的应对之策就是要有提前预判的能力。但是那些尝试过这种技术的人很快就意识到这也带有随机性，而且幸运女神很少会眷顾两次。简而言之，花在观察昆虫行为上的时间再一次给了我重要的结论，那就是只要有一点坚持和机会主义，我们就有希望捕捉到一些高难度的场面。快门按得太早，小虫子压根没动；快门按得太晚，小虫子又可能不在拍摄的最佳角度。因此，一定要找到一个合适的时机和距离，同时要记住，在按快门时，我们的眼睛在取景器和胶片上看到的画面一定是不同的，因为这些小东西移动得实在是太快了！拍的时候谁也不知道是否成功，只有看到成片才能确认是否白忙了一场。

所有翅膀都张开的天牛。看，它就要起飞了！

花斑天牛，一种普通的甲虫，喜欢吃野生胡萝卜的伞形花序。

多方尝试

小虫子们有各自的起飞方式，有的张开翅膀马上就起飞，有的还得让翅膀振动一会儿，还有的你以为它要飞了但是它却一下子掉在地上，真是难以琢磨且因“虫”而异……所以，我再次强调，一张成功的照片取决于细心的观察。正如我说的，在它们张开翅膀的同时进行抓拍，往往不会成功。或者，你可以选择使用录像的方式。反正不管怎样，按照我的经验，有准备、有目标的拍摄总比靠运气得来的结果要好得多。

贪吃的黄肩长脚花金龟正在怡然自得地享受着花粉浴。

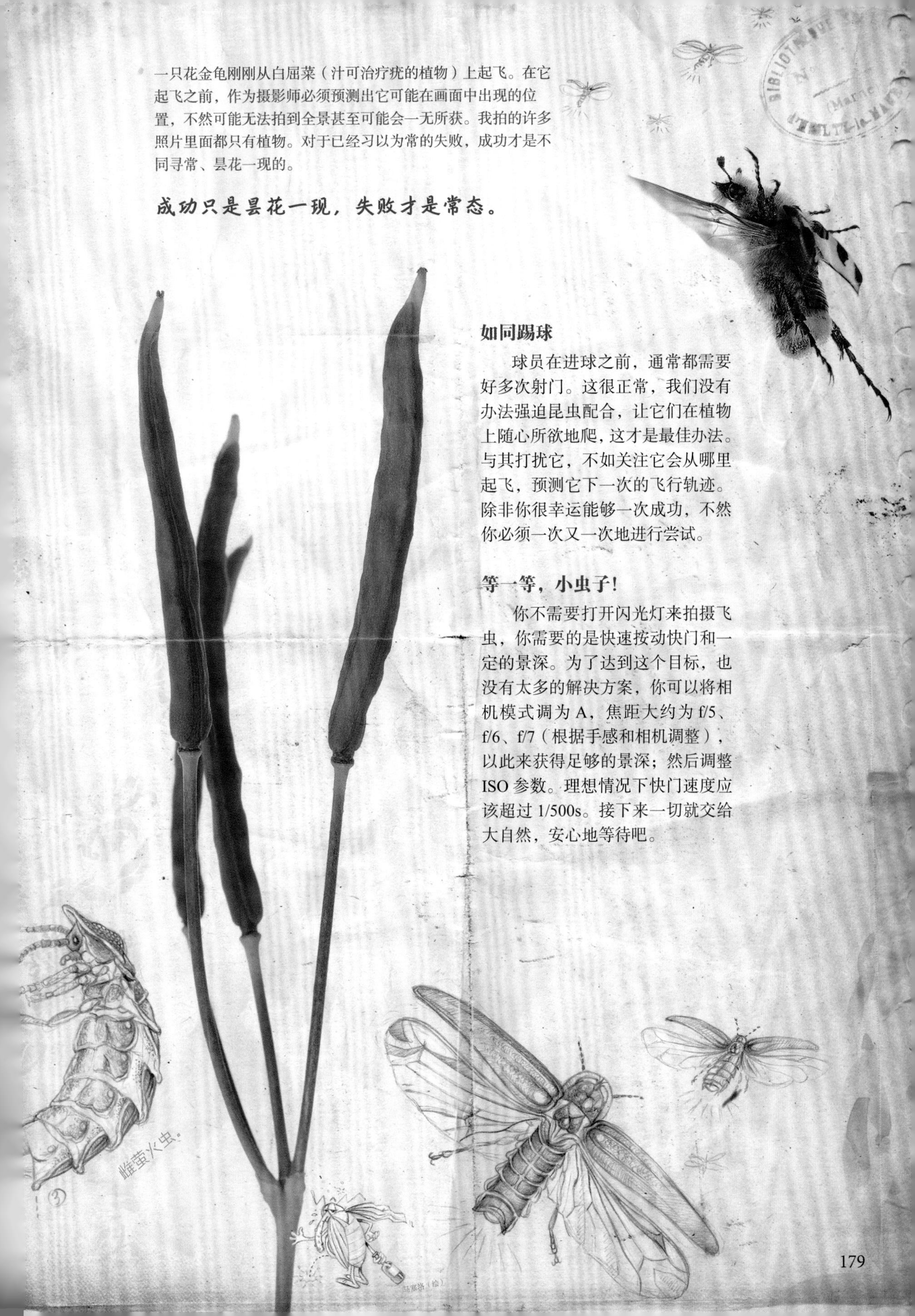

一只花金龟刚刚从白屈菜（汁可治疗疣的植物）上起飞。在它起飞之前，作为摄影师必须预测出它可能在画面中出现的位置，不然可能无法拍到全景甚至可能会一无所获。我拍的许多照片里面都只有植物。对于已经习以为常的失败，成功才是不同寻常、昙花一现的。

成功只是昙花一现，失败才是常态。

如同踢球

球员在进球之前，通常都需要好多次射门。这很正常，我们没有办法强迫昆虫配合，让它们在植物上随心所欲地爬，这才是最佳办法。与其打扰它，不如关注它会从哪里起飞，预测它下一次的飞行轨迹。除非你很幸运能够一次成功，不然你必须一次又一次地进行尝试。

等一等，小虫子！

你不需要打开闪光灯来拍摄飞虫，你需要的是快速按动快门和一定的景深。为了达到这个目标，也没有太多的解决方案，你可以将相机模式调为A，焦距大约为f/5、f/6、f/7（根据手感和相机调整），以此来获得足够的景深；然后调整ISO参数。理想情况下快门速度应该超过1/500s。接下来一切就交给大自然，安心地等待吧。

传粉者

像许多昆虫一样，鞘翅目昆虫也是优秀的传粉者。有时，它们无意间就会把花粉从一朵花传到另一朵花上。在半沙漠地区，它们也是最优秀的传粉者。我们必须纠正一个认识——只有家蜂才是传粉使者。事实上，家蜂只为 20% 的开花植物授粉，而野生蜜蜂和许多其他的昆虫在传粉这一任务中都起着重要的作用。约有 20 万种动物为22.5 万种开花植物授粉，这些使者中最著名的当属昆虫（膜翅目、双翅目、鳞翅目和鞘翅目）……

这个小虫子体长仅10毫米，因此我需要用三个长焦镜头。在这种情况下，能捕捉到它飞起的画面简直可以用运气爆棚来形容。大家可以在它的甲壳和胸部看到沾上的花粉。

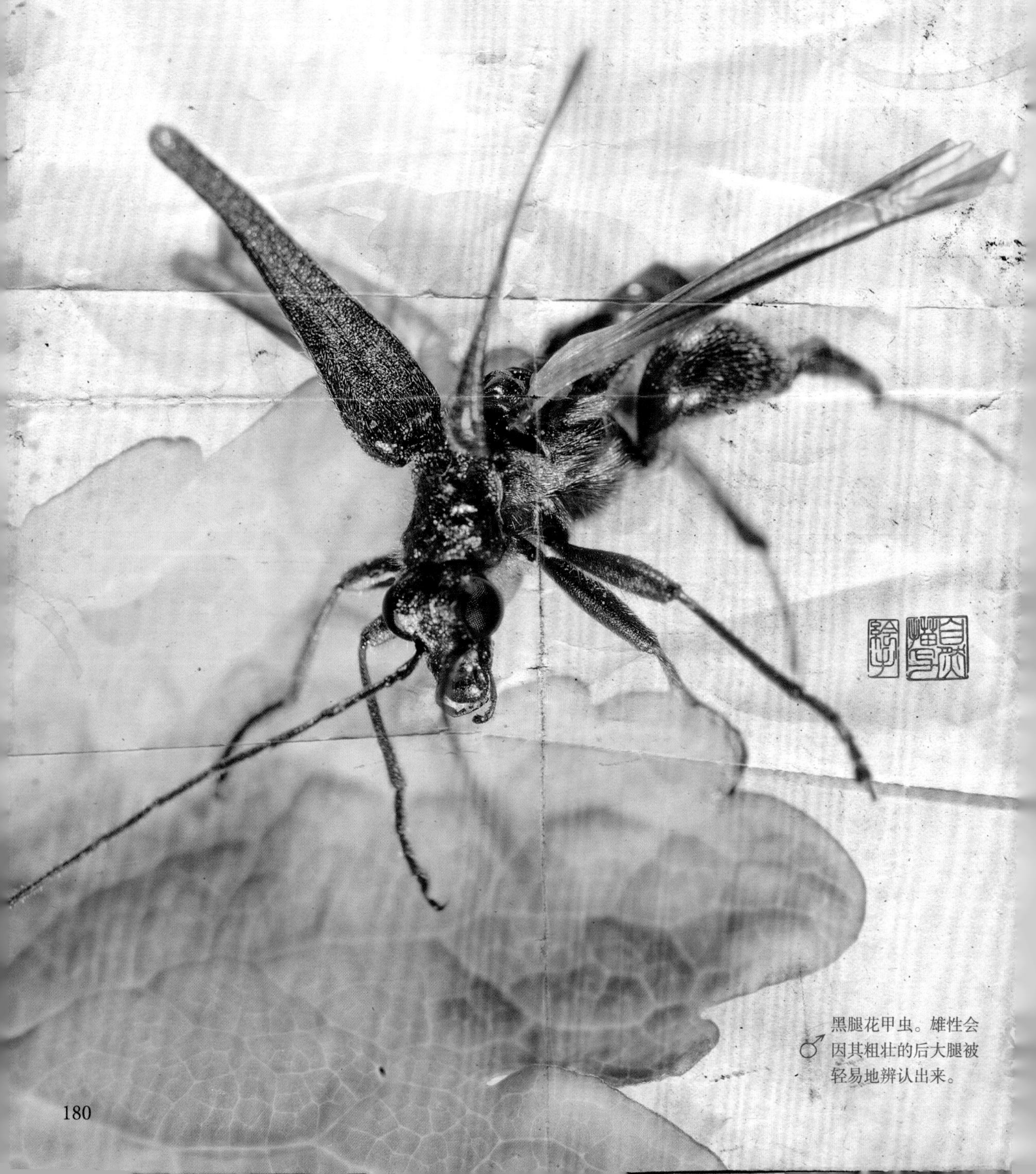

♂ 黑腿花甲虫。雄性会因其粗壮的后大腿被轻易地辨认出来。

我对昆虫的喜爱之情逐渐从“略微喜欢”升级到“非常喜欢、酷爱、着迷”，再到最后的“从没有那么强烈地喜欢”……
♂

黑腿花甲虫，起飞。

雏菊是简单、易拍摄的花，但要小心地控制光线，以免拍摄时丢掉它自身的精细结构。

摇蚊和蚊科昆虫
人们看不到的生物

离奇的、古怪的、奇特的，这些词也不是我们随便就能用在谁身上的，然而，蚊子的世界确实可以用这些词来形容。从水中的充满变化和生机的小虫，到空中看不见的神秘生物，我们需要更多的耐心和决心才能得以一窥它们数不尽的秘密。一起来开启这次观察吧。

论小蠕虫的重要性

当大家在对《图像捕手》电子杂志的“自然”专栏中的“什么才是自然的照片”争论得热火朝天的时候，我正在我的花园里观察这种奇怪的小蠕虫。

我给花园里的一堆闲置木头铺上了防水布。秋天，下过雨后，在防水布的低洼处便积攒了一小汪水，这些小蠕虫正在水中欢快地游泳呢。正如你所见，我们离前面提到的存在主义问题还有千里之遥。我们确实还在为“拍摄一只狐狸是不是比拍摄一只北极熊更有价值、更有挑战性呢？”这种问题而争论不休。这是一个很好的问题，但我承认我找不出答案，而且我也承认，这种问题丝毫不能激发我的好奇心。然而，如果有一天我发现一只熊躺在我那堆木头的防水布上，那我会郑重地向你保证，我一定会认真对待这个问题。其实很明显，照片质量有高有低，拍摄角度各有不同，摄像师的水平也参差不齐。

我其实搞不清楚在摄影师序列里我应该排在什么位置。算了，还是回到我们这些调皮的小家伙儿身上吧，呃，回到我们要介绍的蚊子身上。其实，我们对它们固有的刻板印象可能是错误的，就像我的好朋友安德烈说的——“雌性摇蚊其实并不嗜血”。这真是一个好消息！这样我就不必在冬天到来之前把蚊科昆虫赖以生存的这堆木头付之一炬了！

正是因为我一直坚持寻找事实的真相。所以在电话和微信沟通数次后，安德烈告诉我，当他在充分研究了蚊科昆虫这个种群后，了解到有的蚊子不仅会叮人、还会传染疟疾这种疾病。听到这个消息，我立时对蚊科昆虫没有任何好感了。不过，也许我们的认识也有片面的地方，因为蚊科昆虫是个庞大而复杂的大家族。总之，在任何地方，我们都要对事情的表象和随意得出的结论报有怀疑态度，因为聪明的大自然总是知道如何来迷惑我们的双眼。

收获

为了避免伤害这些又小又脆弱的蚊子幼虫（通常在蛹的两侧都长有角），我必须小心翼翼地挪动它们。但最重要的是，要给它们提供一个舒适的住宿和餐饮环境。但是这些虫子是很能吃苦的，稍微给点雨水、给点泥土和枯木残留物就能让它们很开心地生活了，特别是在这种混合物中，有许多肉眼看不见的东西，对它们的饮食至关重要。我于是决定把这个小水洼整个倒进托马斯为我做的一个小水族箱里。这个水族箱长6厘米、宽4厘米、高2厘米，它不是奢华的凡尔赛宫，但对于长度不到5毫米的客人来说已经足够了。

取景和镜头

透过玻璃拍摄时，使用闪光灯会带来许多问题和挑战；甚至会不可避免地造成色差，也会因水族箱的玻璃和水的原因导致一定的锐度损失。因此，我们只能满足于我们能够掌控范围内的事情。首先是避免玻璃把闪光灯的光线反射进镜头造成反光，尤其是受辅助照明影响而导致反光。为了避免这种现象，必须在紧靠箱体四面的重要角度上都安置上闪光灯，这个操作可以使水族箱内壁传播一定的光线。这种“讲究挑剔”的对焦方式需要一点经验和不可或缺的“百折不挠”的精神。若使用自动对焦，则相机更容易将拍摄焦点落在水族箱的前后玻璃壁上，而非拍摄对象本身上。

蚊子的蛹很小，把相机调整到 f/25 的参数上也只有触角可以拍得很清晰
尼康 D800E，AF-D 60mm f/2.8D 微距镜头，3× 微距延长管，闪光灯，f/25，1/250s，ISO 100

这些小生物可谓是真正的建筑师，它们孜孜不倦地搅动和挖掘着这个陌生的水世界的土壤，不断地在重建着这个世界。
尼康 D800E，AF-D 60mm f/2.8D 微距镜头，1× 微距延长管，闪光灯，f/8，1/250s，ISO 100

一定要参照相机的操作手册。无论如何，由于受到拍摄对象体形的限制，有必要使用微距延长管，因此如何完美对焦就变得非常重要。不仅需要手动对焦，而且要增加画面照度，因为每增加一个微距延长管都会导致通光量降低。为了弥补这一点，我决定用一个小手电筒，我花了一个小时才找到它！而且，要把灯的光束以尽可能大的角度对准拍摄对象，以避免出现反射现象。在这种微妙的拍摄环境中，问题层出不穷，所以要不停地调整。

当第一批蛹出现时，幼虫还在活跃地蠕动，似乎一点都不受缺氧的影响。不过，还有很多卵没有孵化出来，这些卵有时能够很好地附着在蛹身上，浮出水面。

尼康 D800E，60 微距，f/2.8，1× 微距延长管，闪光灯，f/5.6，1/250s，ISO 100

奔波往返

我已经观察这些小蠕虫好几个星期了。它们一直在不知疲倦地活动，修建房子和通道。这些通道经常倒塌，为同样短命的新建筑腾地方。第一批蛹出现了，它们在水中浮浮沉沉好像一个个配备了升降水舱的潜水艇。这些蛹很难拍摄，因为它们比较活跃。为了使图像质量没有太大的损失，并加强衍射现象对摄影产生的影响，我试图将相机光圈控制在 f/20，但即使如此，景深也非常有限。我不经意地调一下参数，相片的质量都会大受影响。我觉得自己像个狙击手，当我向前移动镜头时，照片会模糊，我就微调一点；当取景器中的图像清晰时，我就会立即“扣动扳机”。虫卵逐渐孵化，这让我很担心它们会生长得过快，挤爆这个小小的世界。但是在这个小世界里，一切都井然有序，没有孵化成功的蛹会逐渐干瘪，被贪婪的幼虫蚕食，而其他幸运的蛹则会孵化出来，长出翅膀，飞上天空。

追踪入侵者

我看到了一只通体暗沉、偏棕色的幼虫，它比其他幼虫的体形更大、更为壮硕。我看到摊开书本的你正坐在扶手椅上笑话我是不是出现了幻觉，不！请你尊重作者！我没疯。我知道我看到了什么，但它游得太快了，我没能拍下它。我要等着看它化的蛹什么时候会出现。

像蝴蝶的蛹一样，蚊子的蛹也能够把它们的翅膀清晰地显露出来。它们跳着奇怪的舞，这让它们有时看起来像一个小鱼钩。可能它们天真地希望，这样的姿势可以把鱼吓跑吧。
尼康 D800E，AF-D 60mm f/2.8D 微距镜头，闪光灯，f/8 ～ f/32，1/250s，ISO 100

蛹似乎在水中徘徊。它们像是外形不稳定的微型潜艇，承载着后代的希望。
尼康 D800E，AF-D 60mm f/2.8D 微距镜头，闪光灯，f/22，1/250s，ISO 100

羽化

这个“水族箱”在我的办公室放了好几个星期了，我特别期待能够拍到羽化的照片，但是我也知道这急不来，而且要想第一时间拍到羽化，我就得一动不动地守在这些上下起伏、不停游动的小生物面前，被迫看它们“跳无聊的芭蕾”。

终于，有一只蛹浮到水面上不动了，我对自己说终于等到这一刻了！但是，这只蛹竟然在水面上浮了3天，什么都没发生。最后的最后，就在我要放弃的时刻，它终于准备好了。于是，我拍到了这只小小的雌性蚊子，它刚刚羽化出来，静静地待在水面上。一切都是最好的安排。

如此精彩却难得一见

令我怀疑的那位入侵者，其实也是摇蚊。它之所以引起我的疑惑，是因为它体形确实比别的蛹都要大很多，但是最后从它的腮可以确定，它并不是异类。

蚊子的水生幼虫小到几乎看不见，很难相信它们能呈现这样令人赞叹的精彩。在它们的生命循环里，每一个环节都引人入胜。唯一的遗憾是，它们只有在对我们展开行动的时候，才能让我们注意到它们的存在，而其他时候却很难捕捉它们的身影。

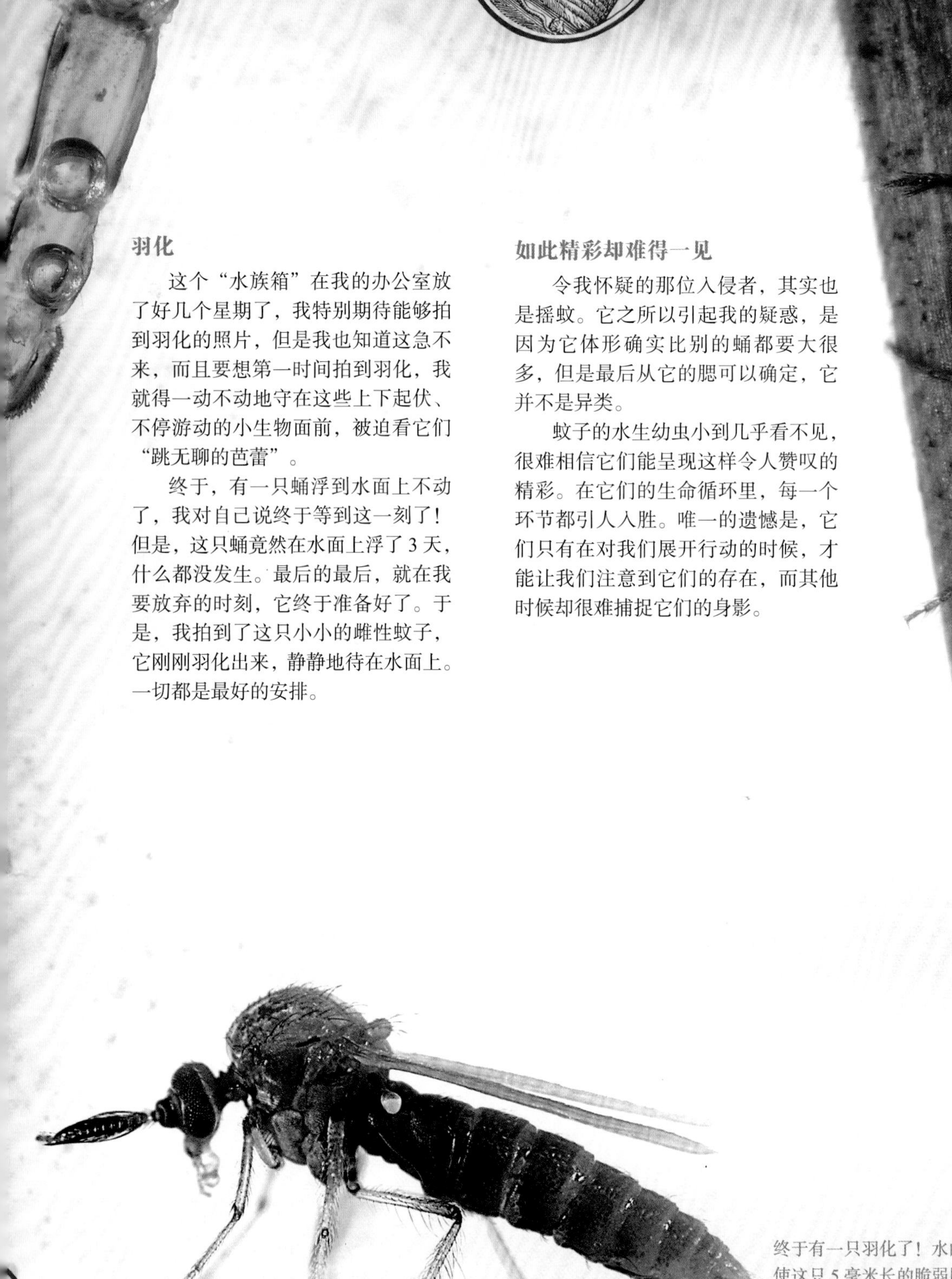

终于有一只羽化了！水的张力使这只5毫米长的脆弱昆虫保持着悬浮状态。
尼康 D800E，AF-D 60mm f/2.8D 微距镜头，3× 微距延长管，闪光灯，f/25，1/250s，ISO 100

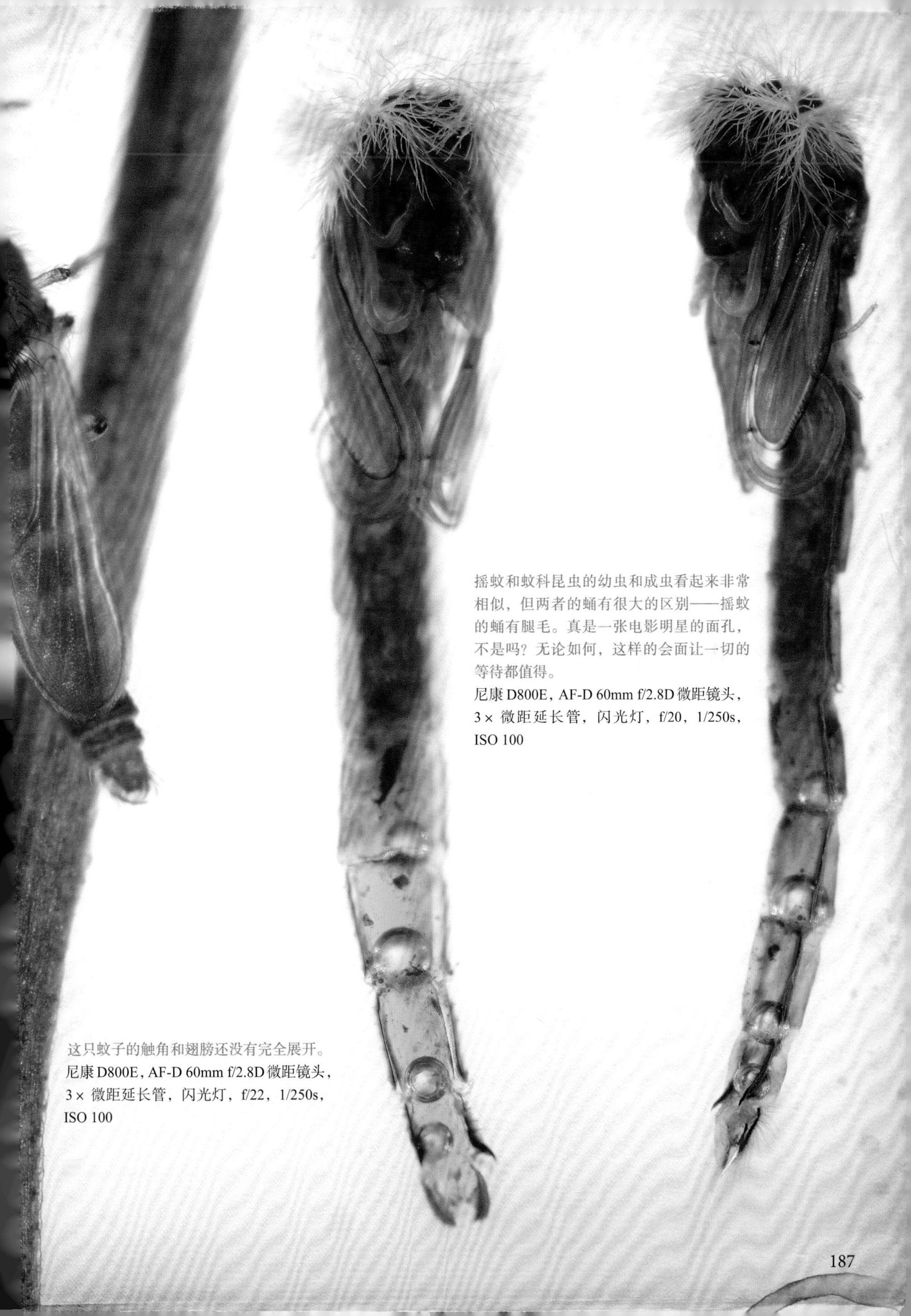

摇蚊和蚊科昆虫的幼虫和成虫看起来非常相似，但两者的蛹有很大的区别——摇蚊的蛹有腿毛。真是一张电影明星的面孔，不是吗？无论如何，这样的会面让一切的等待都值得。
尼康 D800E，AF-D 60mm f/2.8D 微距镜头，3× 微距延长管，闪光灯，f/20，1/250s，ISO 100

这只蚊子的触角和翅膀还没有完全展开。
尼康 D800E，AF-D 60mm f/2.8D 微距镜头，3× 微距延长管，闪光灯，f/22，1/250s，ISO 100

马丁字灰蝶
阳台“小霸王”

Cacyreus marshalli (Butler, 1898)

“上相”——当摄影师遇到这只从南非漂洋过海而来的小灰蝶时，映入他们脑海中的第一个词绝对是这个。不过，它们不是生来就迁徙的。机灵的它们，借助那异常美丽的触角偷偷来到了法国。现在就让我们一起来欣赏下这个不请自来的小家伙吧。

马丁字灰蝶是灰蝶科家族中的成员，长得酷似它们的表亲亮灰蝶。当马丁字灰蝶双翼翅收起来的时候，约有1厘米高。随着天竺葵的运输，它们的足迹逐渐遍布了整个法国本土。如果对于园丁来说，遇到它们是不幸的，而对于希望练习微距摄影技术的摄影师而言，那可就是意外收获了。

美丽炫目

这种蝴蝶穿着从棕色赭石到精致的浅米色渐变的裙子，不仅有着罕见的优雅，而且它们一年之中的飞行时间长达9个月。

隐蔽又贪婪的后代

马丁字灰蝶的卵非常非常小，只有大约0.5毫米长，在直径为3厘米的天竺葵叶子上，这小小的卵真是难以被发现。幼虫一经孵出，就会立即钻进叶子的内部，从里往外蚕食叶片，所以幼虫长到第二阶段（2龄期），甚至到了第三阶段（3龄期），我们的肉眼也看不见它们。我使用了三倍微距延长管才拍到了一些素材，你可以在下一页看到。我其实并没有看到任何的卵，我只是一直顺着第一批孵出来的毛虫啃食下来的轨迹推断卵曾经所在的位置。可以说，它们的自我保护方法非常有效，甚至超过了它们本就很高明的拟态方式。跟所有的蝴蝶一样，它们只在幼虫期会带来破坏。人们常常会觉得要是它们只有成虫期就好了。但其实，这是不可能的，没有毛毛虫，怎么会有蝴蝶呢？

并不温顺的性情

当幼虫进入到该成长阶段的最后时刻（5龄期）时，如果有新鲜的蛹不小心掉到它们的面前，或者当食物匮乏时，毛毛虫可能会把这个倒霉蛋给吃掉。然而，这些饲养情况下观察到的行为并不一定发生在自然条件下。但我们确实在一些物种中观察到了同类相食的现象。例如，亮兜夜蛾就喜欢吃掉冬尺蠖蛾的毛虫。为什么呢？答案很简单——为了补充蛋白质！

植物宿主

从20世纪90年代以来，也许是在全球变暖的帮助下，马丁字灰蝶随着天竺葵的引进逐渐开始了对法国本土的入侵，而且似乎没有什么能够阻止它们，更何况这种昆虫即使在城市里也能找到食物，因为每家每户的阳台都开满鲜花。因为我没有种天竺葵，所以只好求助邻居。凑巧的是，我的朋友泽恩·克劳德恰恰弥补了我这方面的空白。近几年来，他都让我给他的天竺葵拍照，今天的这个主题，让他引以为豪。我想他可能更喜欢有他房子的全景照片，但我也给他的花多拍了些特写。怎么样，还不错吧？

成虫和花序（摄于2013年9月）。垂直摄影，以100%水平构图呈现，3600万像素的优点之一是可以虚化背景但主体不失真。在这种类型的照片中，尼康D800e提供了最高的画质，但在聚焦上容不得一丝小错。

尼康D800E，AF-D 60mm f/2.8D微距镜头，f/6.3，2×微距延长管，闪光灯，1/250s，ISO 100

放大两倍的 2 龄期、3 龄期和 4 龄期幼虫（摄于 2011 年 8 月）。
尼康 D3X，AF-D 60mm f/2.8D 微距镜头，2 组闪光灯，f/22，1/250s，ISO 100

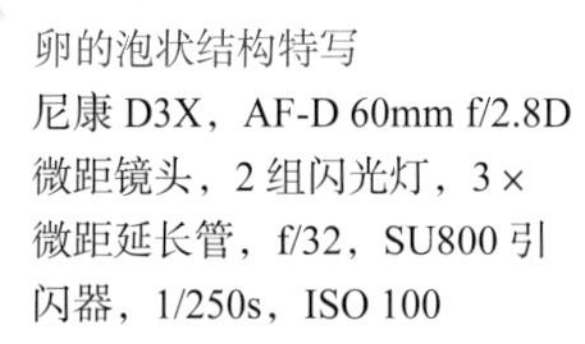

卵的泡状结构特写
尼康 D3X，AF-D 60mm f/2.8D 微距镜头，2 组闪光灯，3 × 微距延长管，f/32，SU800 引闪器，1/250s，ISO 100

生命力顽强

从 1 月中旬到 10 月底都能看到马丁字灰蝶在飞行，这让它们毫无悬念地成为法国昆虫飞行时间纪录的保持者。大约一个月的繁殖成长周期让它们一年能繁殖 6 代。哇！这又破了一个纪录。这么长的活跃期还要归功于它们的宿主植物，因为天一冷，天竺葵就会被人们搬进车库或者走廊，这顺便也给灰蝶们提供了特殊待遇。

幼虫孵化后，痕迹很快就会暴露出来（摄于 2011 年 8 月）。
尼康 D3X，AF-D 60mm f/2.8D 微距镜头，2 组闪光灯，f/22，SU800 引闪器，1/250s，ISO 100

肉眼看不见的卵（摄于 2011 年 8 月）。
这片叶子上被啃噬的痕迹是重要的线索。
尼康 D3X，AF-D 60mm f/6.3D 微距镜头，2 组闪光灯，f/22，SU800 引闪器，1/250s，ISO 100

成蛹前的毛虫（摄于2013年9月）。这只幼虫长仅13毫米，这里放大了大约10倍，来看看它的拟态。尼康D800E，AF-D 60mm f/2.8D微距镜头，2组闪光灯，f/22，SU800引闪器，1/250s，ISO 100

马丁字灰蝶成虫的警惕性和幼虫惊人的拟态性，是它们赖以生存和躲避捕食者的主要本领。不过，寄生蜂会将自己的孩子寄生在鳞翅目幼虫的身体里以繁衍后代。通常我们也会把这种自然现象应用于生物防治。它们像大多数的小型蝴蝶一样，羽化时间很短，可以减少暴露在蜘蛛、鸟类等天敌眼下的时间。

作为蝴蝶的艺术

对于拍摄毛虫和卵来说，它们除个头小以外，没有什么特别的难度。我们将把技术工作的重点放在特别难拍的成虫身上。因为它们不会停留很长时间，所以最好先对相机的参数做一个大致的处理，为按下快门做准备。相机的功能必须非常灵敏，否则还没等我们拍呢，蝴蝶就飞走了。我们要充分利用成虫安静的那一点点时间。比如我拍这张“毛虫、成虫、花蕾”家庭肖像时，我用了两分钟的时间来调整焦距，只为将对焦做到精益求精，并且当按下快门的那一刻能够形成对花蕾的虚化。要拍一张真正的合影，所有的拍摄对象都必须间隔不太远，以便虚化效果显得比较自然。要注意，一定要保持整体的洁净度。因为，拍摄对象的尺寸都是以毫米甚至1/10毫米为单位的，只有洁净的背景才能保证放大后的效果。

在拍摄花序与蝴蝶的合影时，最好能有一个视觉距离，因此，必须采用手动对焦的方式。焦点是通过向前或向后移动镜头来实现的。聚焦环更多地用于定义图像的帧，而不是微调焦点。拍摄羽化就更需要耐心，几个小时的等待也是合理的。要在蛹显露出第一个成熟迹象之前就把设备架好。然后观察它棕色的翅膀、蓝色的眼睛和触角在薄薄的几丁质膜下是否变得更加透明易见。没有任何提前通知，蛹就这样静静地、慢慢地舒展开，露出触角、眼睛，此时还可以清晰地看到蝴蝶的腿在颤抖。蝴蝶迫不及待地从蛹中爬出来，寻找另一个栖息地来晾干它的身体和翅膀。干燥这道工序不过几分钟就完成了。这时，我们的灰蝶要开始准备享受生活了，只留给我一个倩影。幸运的是，尼康D3X非常灵敏，不然我恐怕连这一张都拍不到。

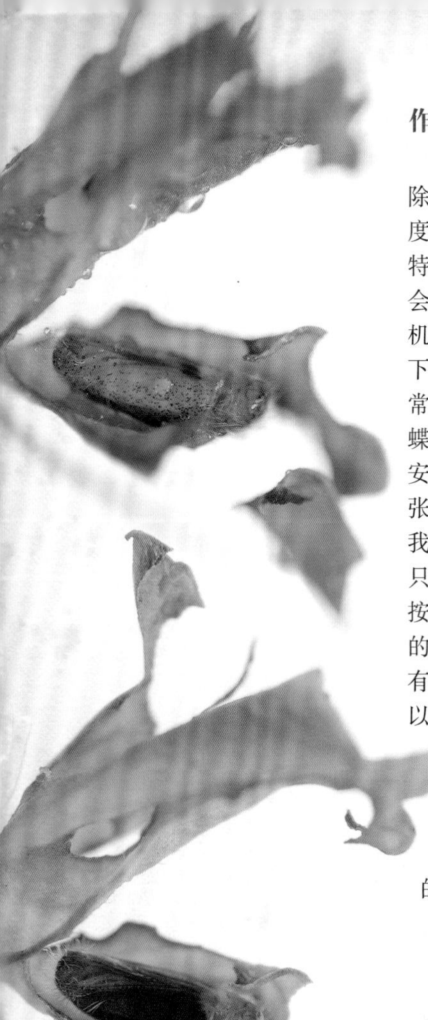

当能够透过蛹微微看出蝴蝶未来的颜色时，化蛹成蝶仍需再等很长的时间（摄于2013年9月）。

尼康D800E，AF-D 60mm f/2.8D微距镜头，SU800引闪器，f/11，2组闪光灯，1/250s，ISO 100

成虫、幼虫和嫩芽（摄于2013年8月）。

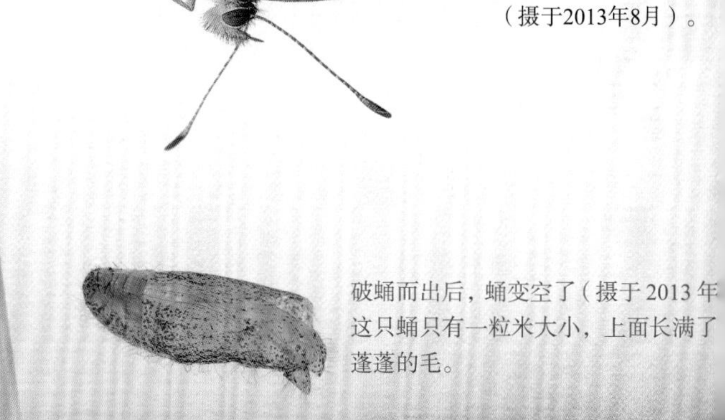

破蛹而出后，蛹变空了（摄于2013年
这只蛹只有一粒米大小，上面长满了蓬蓬的毛。

你还没有遇见过灰蝶吗？我相信它们就在你的邻居家做客呢，甚至或许已经在你家里了！

天竺葵插花（摄于2013年9月），放大虚化了的摄影图。
尼康D800E，AF-D 60mm f/2.8D微距镜头，3× 微距延长管，SU800引闪器，2组闪光灯，1/250s，ISO 100

普通伏翼蝠
我们如此低调的邻居

(*Pipistrellus pipistrellus*)

我对蝙蝠持有一种非理性的恐惧，这真是一件非常奇怪的事情。因为这位可爱的室友不仅可以为我们提供有价值的服务，而且性情安静、低调，常常是在它们离开之后我们才发现它们来过的痕迹。现在，就让我们一起见见这个充满好奇的邻居吧。

吸血鬼，你是说吸血鬼吗？

“你好！你好！请问是蝙蝠紧急救援中心吗？……我的猫正在杀死一些巨大蝙蝠，你能做些什么吗？”这是马努在一天晚上接到的电话。我看见你在笑了。多奇怪的名字啊，蝙蝠紧急救援中心！它是什么呀？

马努是香槟 - 阿登大区翼手目组织的一名成员，他参与建立了一个自然学家志愿服务网络，专门应对全法国各地跟蝙蝠相关的突发事件。当事人往往是通过当地的市政府、自然动物保护机构或者某位自然学家联系到我们。事件通常涉及当事人在地面上发现了蝙蝠（有时候是受伤落地的），或者当事人担心有蝙蝠要跟自己做邻居。但是无论遇到什么情形，我们的原则非常清楚，那就是用最简单的方法拯救蝙蝠，避免这些小动物被伤害。事实上，多年来我们一直在全法国各个地方组织研究和跟踪蝙蝠，我们的服务网络已经覆盖全国并随时处理跟这些带翅膀的小动物们相关的问题。

所以，挂掉这通电话，我跟马努就一起奔赴求助者的家。我跟马努结伴而行，毕竟这是传说中又能吸血、又吃人头发的怪物啊。马努开玩笑地说：“我可没什么好怕的，我已经秃顶了！”我们两个佩戴好头灯、拿上行动手册、带上蝙蝠探测器，这身打扮让我们看上去跟捉鬼敢死队队员一样精明强干。

什么是“蝙蝠探测器”？

蝙蝠探测器是一种带有超灵敏麦克风的迷你探测器，可以捕捉到蝙蝠在移动或捕猎过程中发出的超声波，并将其转换成人类可以听到的声音。蝙蝠能发射特定频率范围的超声波（普通伏翼蝠为 42 ～ 45 千赫，菊头蝠可以达到 120 千赫）。

晚上，我们的研究团队会戴上特定的耳机和蝙蝠探测器到蝙蝠喜欢捕猎和飞行的地方去寻找这种小翼手目动物的踪迹，将它们的足迹记录在蝙蝠探测器上（也可以定位蝙蝠家族），更多时候是将超声波的速度放缓 10 倍来精确地识别物种。在研究采集到的超声波时，研究团队会使用专门的软件来分析超声波的频率和重复频率（每秒发射的次数）以及谐波（即回波）。所以，如果某天晚上你监测到这种哺乳动物，别开枪，它并不危险！

但让我们回到我们开头的故事。这天，我和马努看到了 4 只棕色的蝙蝠。它们算不算巨大我不确定，因为它们只有 4 厘米长。它们躺在地上，毫无生气，身边站着凶手：一只凶恶的大猫。

2011 年夏天，在我书房的百叶窗后，藏着一只普通伏翼蝠，等待着夜幕降临后开始捕猎。
尼康 D3X，AF-DC 105mm 微距镜头，f/4.5，1/500s，ISO 320

最后，这只大猫和幸存的普通伏翼蝠都得到了妥善处理。像这样的故事很多，我们可以给你讲十几个呢，从拿杀虫剂喷到用扫帚拍，还有当蝙蝠飞入一栋房子时人们就立刻冲出来（蝙蝠会去那里筑巢吗？）等。这也从另一方面证实了大多数人对蝙蝠的无知，并表明与蝙蝠有关的原始的、非理性的恐惧仍然存在。

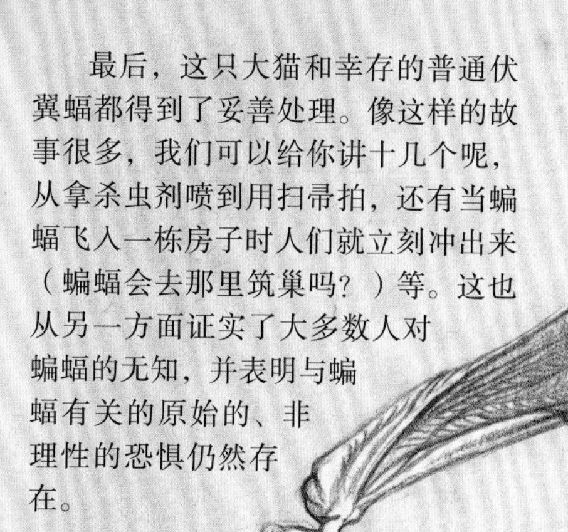

小蝙蝠可以用爪子牢牢地把自己固定住，头朝下睡一整天……一直睡到下一次夜间捕猎才醒过来。

你想伸出援手吗?

当被问到能做些什么来帮助蝙蝠朋友时，我们常会回答说：在家里发现了蝙蝠，请先不要把猫放出来，不要惊慌失措，不要使用过激的方式。可以找一找它们是从哪儿进来的，然后再想办法解决。或者更简单的事情，就是告诉更多的人，蝙蝠并不可怕。你可以给大家讲讲蝙蝠名字的由来，蝙蝠 pipistrelle，源自意大利语，其实指的是一种把胳膊遮在里面的阔袖大衣，就是我们熟知的“蝙蝠衫”样式。

没有危险

我们平日里打交道最多就是普通伏翼蝠（1774 年由史瑞伯命名），俗称“家蝠”。它们会不时地光顾我们的城市和村落（它出没的地方分布较为平均，但密度不一）。它们同样也是最小的蝙蝠之一：体重仅为 3 ～ 8 克，翼展 180 ～ 240 毫米，体长 36～51 毫米，像我们的大拇指一样粗，相当于一枚 50 欧分的硬币一样重。所以，即使它们来敲你的房门，也请相信我，你是安全的。但你不要触碰它们，因为在极少数情况下，它们可能携带着导致人类传染的致命病毒，包括狂犬病毒，这可不是在开玩笑。在任何情况下，都不应该去干扰它们，应该保护它们。

让我们从生态学的角度来谈谈普通伏翼蝠：普通伏翼蝠可以在任何地方生存，它们是仅存的、为数不多的既可以适应大都市又可以适应单一农作物田地的物种之一。这种小不点儿的生命力可是大得惊人呢。

翼膜的细节。这是一种长在趾间的柔软薄膜，用于蝙蝠的飞行。

摄于2009年夏天。普通伏翼蝠在地面上显得笨手笨脚。受到干扰时，它会迅速爬到安全的地方。
尼康D200

车库门上的蝙蝠侧影，摄于2008年夏天。

蝙蝠的骨骼

蝙蝠的骨骼结构在哺乳动物中是非常独特的，与其说像啮齿动物，不如说跟鸟类的骨骼结构更相似。如果有人问你鸟和蝙蝠有什么共同点？你一定会马上回答：飞行！这确实是两者的共同点，但如果我们认真研究，就会发现两者不一样的地方。蝙蝠有 5 个趾，而鸟类只有 3 个趾。蝙蝠的前臂和后臂都更加舒展，它们的骨盆后移、重心在前，这更利于飞行。蝙蝠的骨骼密度大且重，但还没有达到鸟类的骨骼密度。众所周知，密度是决定骨架坚硬与否的指标，具有这种高密度的骨骼是鸟类和蝙蝠能够飞行的原因之一。

如此低调

我住在香槟区一个树林边带四方小院子的房子里，这种房子是香槟区很典型的建筑。我常听到从谷仓和房子的木梁处传来蝙蝠的叫声，它们通常一次连着叫 4 ～ 5 声，那是它们之间在互通有无呢。

百叶窗后面是它们的藏身之地，它们喜欢集体生活，在斯特凡办公室的百叶窗后面有一个“普通伏翼蝠小分队”，它们已经在那里生活近 10 年了。普通伏翼蝠一般都会在有人类踪迹的地方出没，如房屋、谷仓和大楼里。这群小东西非常喜欢幽闭的场所，如百叶窗后、明亮的灯牌后、旧的空心梁里、墙壁缝隙里、巢箱里、教堂里等，不过它们的藏身之地可远远不止这些，任何地方，只要有个 10 毫米的裂缝，它（或它们）就能畅行无阻。

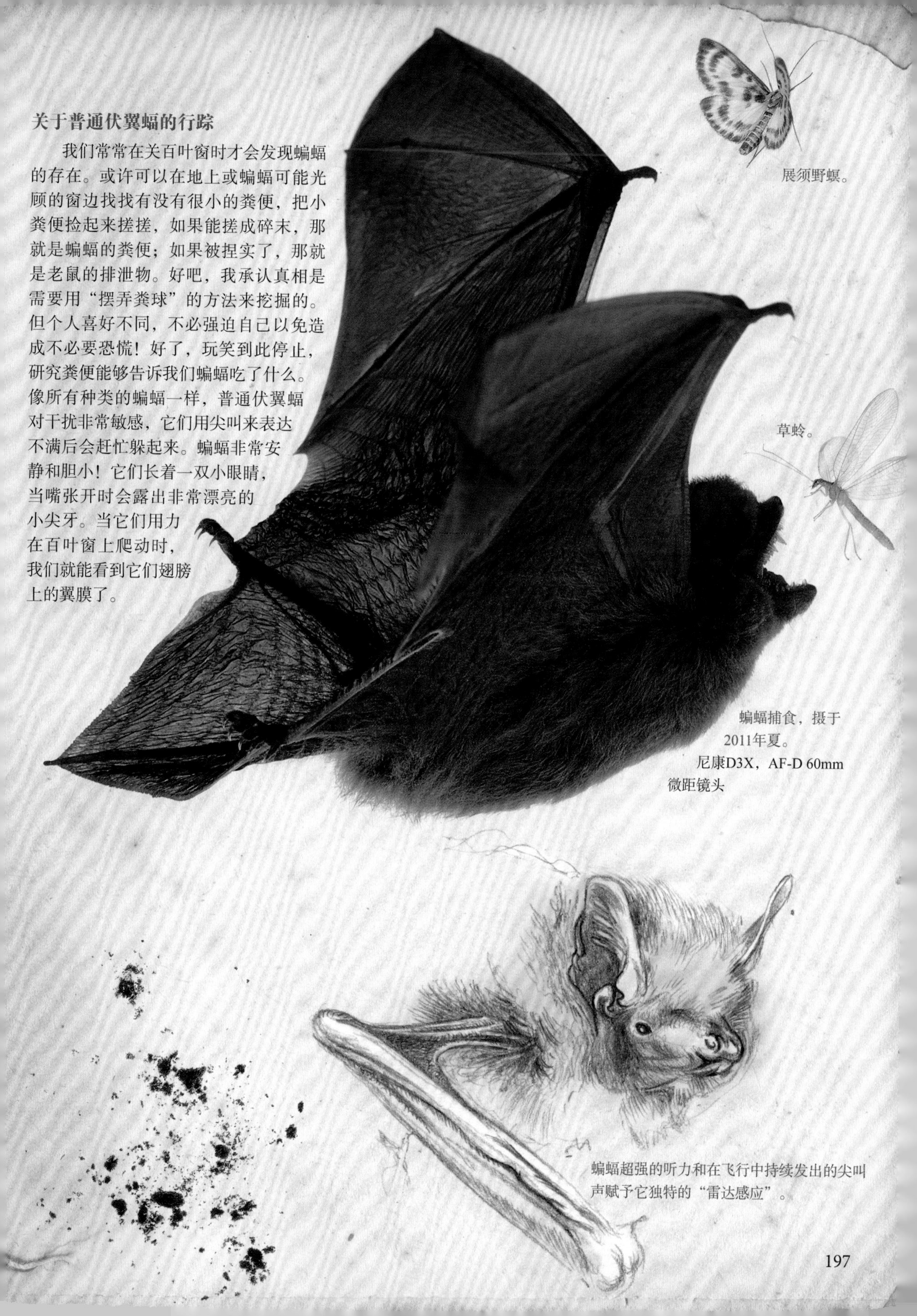

关于普通伏翼蝠的行踪

我们常常在关百叶窗时才会发现蝙蝠的存在。或许可以在地上或蝙蝠可能光顾的窗边找找有没有很小的粪便，把小粪便捡起来搓搓，如果能搓成碎末，那就是蝙蝠的粪便；如果被捏实了，那就是老鼠的排泄物。好吧，我承认真相是需要用“摆弄粪球”的方法来挖掘的。但个人喜好不同，不必强迫自己以免造成不必要恐慌！好了，玩笑到此停止，研究粪便能够告诉我们蝙蝠吃了什么。像所有种类的蝙蝠一样，普通伏翼蝠对干扰非常敏感，它们用尖叫来表达不满后会赶忙躲起来。蝙蝠非常安静和胆小！它们长着一双小眼睛，当嘴张开时会露出非常漂亮的小尖牙。当它们用力在百叶窗上爬动时，我们就能看到它们翅膀上的翼膜了。

展须野螟。

草蛉。

蝙蝠捕食，摄于2011年夏。
尼康D3X，AF-D 60mm微距镜头

蝙蝠超强的听力和在飞行中持续发出的尖叫声赋予它独特的“雷达感应”。

上一页：蝙蝠全家福。
令我感到非常高兴的是，到2012年夏天为止，蝙蝠已经连续在我书房的百叶窗后居住了9年。
尼康D3X，AF-D 60mm微距镜头

习性介绍

最激动人心的一幕是，天黑后不久，蝙蝠从百叶窗后面出来，在家里或街上的灯光的照射下，悠闲地飞上几分钟。因此，我们可以记录其发出的超声波，这可谓是村子里音频最高的生物了（通常为45～48千赫，在露天环境中会下降到42千赫，在特别拥挤的环境下可高达51千赫，能够持续8～9分钟）。这是蝙蝠赖以飞行的回声定位功能。我是多么幸运啊，能欣赏到它们在捕猎过程中做出的无声又精彩的杂技表演。蝙蝠可以灵活地快速穿梭在树丛中。它们的食物菜单很丰富，上榜的有双翅目昆虫（如摇蚊科昆虫、蠓科昆虫）、鳞翅目昆虫、鞘翅目昆虫、毛翅目昆虫、蝉和蜉蝣等，不过，没有蔬菜。

看，这个杂技演员正在寻找一个庇护所来静静地消化它的美食呢。它爬上壁板，偷偷地躲到了百叶窗的后面。

蝙蝠可以在5℃以上的环境中捕猎，即使在刮风的天气里。然而，当风速超过20公里/小时，它就会遇到控制飞行方向的困难。我们日日可见的朋友，几乎没有什么流浪的想法，它冬天的居住地到夏季的行宫之间的距离不超过20公里。尽管如此，蝙蝠也不在我们的家里冬眠。有些种类的蝙蝠是迁徙的，通常会从西欧迁徙到东欧和北欧，秋天时又反方向迁移回来。

有记录的旅行距离：从拉脱维亚至克罗地亚，1905公里，飞行高度距离地面30～50米。

脆弱的平衡

另一个令人惊讶的现象是，即使在17℃的温暖环境中，普通伏翼蝠也会进入昏睡状态。我们还能看到它们长时间在我们家的周边活动吗？所观察到的普通伏翼蝠的最长寿命是16年，但实际上它们的平均寿命仅为26个月，与其他欧洲物种相比微不足道，几乎没有时间达到性成熟。还要注意的是，蝙蝠面临众多的生存威胁，它是极易被汽车和猫杀死的物种，且正经历着居住场所紊乱的境况。在大多数情况下，这种紊乱是人为的，而且许多是出于希望保护而不是摧毁蝙蝠栖息地的目的。这再次反映了人类对物种的无知，这种居住地的变化会导致蝙蝠的群体死亡。此外，如果未经事先考察就拆除旧厂房或建筑物——这些地方被认为是蝙蝠的理想庇护所——也会造成对它们的致命威胁。蝙蝠们也会受到寒潮的威胁，严寒会导致这一物种的大规模死亡。甚至有时候，蝙蝠还会在游泳池、花园水池、池塘中溺水而亡，或者被黏在一张灭蝇纸上。蝙蝠们真是面临着众多的生存危机。

左图为蝙蝠的侧影。
尼康D3X，AF-D 105mm微距镜头

红云翅斑螟。

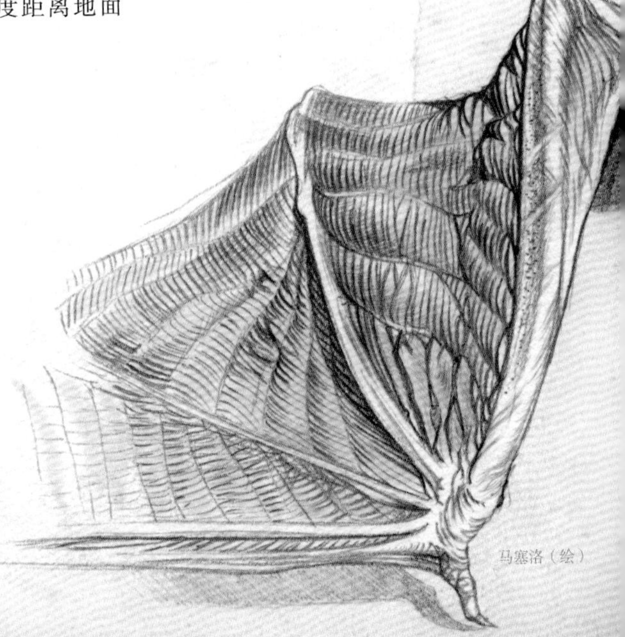

马塞洛（绘）

如果不是它体长仅4厘米的话，看起来很像个狼人！

尼康D200，AF-D 105mm 微距镜头

保护和观察

如果你想保护这个物种，就必须想办法跟它们和平共处。你可以为它们安装孵笼（供它们躲避天敌），向大家解释它们的入住并没有危险性，提高当地人和你的邻居的保护意识，让你的朋友对蝙蝠的习性感兴趣（蝙蝠可是最好的天然“杀虫剂”，有时它们一晚上能吃掉280只苍蝇！）。如果你家里没有它们能够找到的天然庇护所，而你又想帮助这些不知疲倦的杂技演员的话，那么可以在网站上找到高品质庇护所的建造图。请注意，如果今年是暖冬，温度持续温和的话，那么你很可能在早晨或天黑后在你家附近的路灯旁看到小蝙蝠们。我们很高兴看到这些“迷你蝙蝠侠”的归来，这让我们的小村庄有点像美国漫画中众多蝙蝠侠团圆的哥谭市哦！

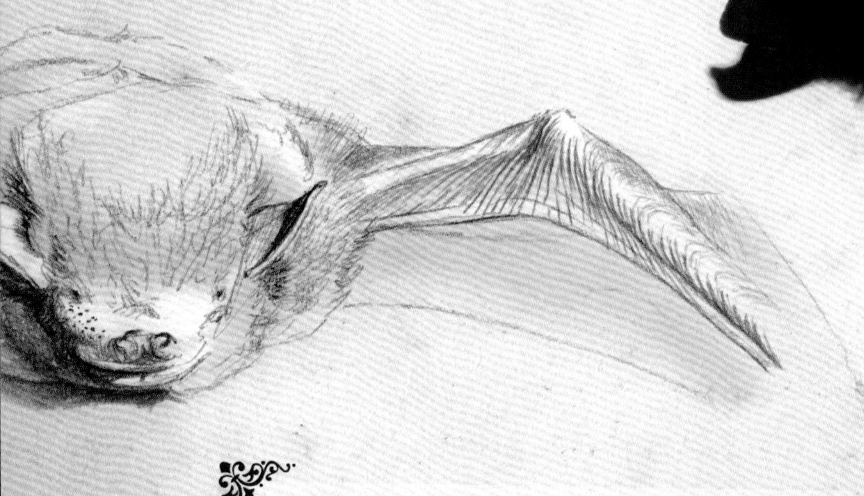

自1981年起，在法国，普通伏翼蝠和所有种类的蝙蝠一样受到保护。

优雅的恋爱

对于那些试图拍摄蜻蜓的人来说，蜻蜓交配时形成的爱心形状简直就是“圣杯”。能够捕捉到空中的这个景象一直是大家梦寐以求的事情。下图是蜻蜓在陆地交配时的照片。

从 2005 年开始，我一直在孜孜不倦地拍摄蜻蜓。我必须承认，随着观察蜻蜓的时间越长、越深入，我对它们就越着迷，尤其是在它们跳起空中芭蕾的繁殖期，而这一时期最壮观的景象无疑是交配形成的心形环！

拍到这种像高难度杂技表演般的浪漫景象，可谓是所有蜻蜓发烧友的终极梦想，然而事实上能梦想成真的概率几乎为零，这简直算得上是难以企及的幸福。因为，首先，要接近一对正在交配的蜻蜓并非易事，它们总是一下子就飞走了或者立即分开。然后，要拍摄蟌科昆虫的交配心形环，无论是豆娘、丝蟌还是其他的种类，都要同时保证抓拍镜头中 4 对翅膀和 2 对眼睛的清晰度。说实话，既不能吓跑它们，还得不停换角度对焦，这简直比登天还难，稍有不慎，它们就会瞬间飞走。可能是它们高度警觉的本能让它们即使是在交配之时也能警惕周遭的危险吧。

雌性的交配器位于腹部末端。

雄性的贮精囊位于靠近胸部的第 2 腹节处。这就解释了交配时为何会形成心形。

拍到这张交配心形，我都激动得直发抖。
尼康 D3X，AF-D 60mm 微距镜头，闪光灯，f/22，1/250s，ISO 100

优雅的豆娘

长叶异痣蟌 *Ischnura elegans* (Vander Linden, 182

它们可以生活在流动水域附近，但优雅的豆娘更喜欢植被密集的死水。它们的翼展在 30 ～ 40 米之间，在 4 月底到 9 月底之间活跃在其分布区分布区的北边会更早地见到它们，分布区南边到它们的时间就要晚一些。成熟的雄性豆娘长一个黑色和青铜色相间的腹部，翅根和腹部端呈天蓝色。眼睛呈蓝黑色，上面点缀着蓝的小圆点。雌性豆娘的体色不同，有少数雄性一样是蓝色的，其他的是棕色或绿色它们的繁殖周期相当短，在南方 1 年内能会繁殖出 3 代豆娘。

蜻蜓情侣的蜜月旅行将从窗户开始！
尼康 D3X，AF-D 60mm 微距镜头，
闪光灯，f/22，1/250s，ISO 100

8 月的太阳已经很高了，温暖的空气仍然潮湿

我对蜻蜓的喜爱就像有的人热衷于蘑菇一样。现在已经是上午 11 点多了，我知道这些小蜻蜓很快就会变得活跃，那样我就没办法好好拍它们了。此时，大型蜻蜓的飞行速度已经非常快了，它们在我头顶嗖地一下就飞出很远。我听到各种伟蜓、春蜓和晏蜓飞行时发出的嗡嗡声，抬头就看到它们在蓝色的天空中划出美丽的痕迹。这对蜻蜓情侣紧紧地连在一起，雌蜻蜓被雄蜻蜓牢牢地抓着在水面上产卵。

我把注意力集中到隐藏于柳荫下、鸢尾花丛中的体形最小的那些小蜻蜓上。水边相对凉爽的温度让这些小蜻蜓还有些麻木，它们仍然比较安静，但一直保持着警惕。我知道它们在这里，因为我几乎每天都会来这个池塘，我就坐在这里静静地等待，千万不能动。开始时，它们在高高的细草丛中几乎看不见，然后突然，一群蓝色、绿色的“小棍儿”腾空而起，成双成对的、单身潇洒的、寻找伴侣的……这么一大群同时飞起，却没有一只会撞上密密的草叶或枝条，不得不佩服这些“飞行员”经验丰富、技艺高超。我观赏着眼前这生机勃勃的美景，努力保持一动不动的姿势，生怕稍有不慎就惊扰了它们，这美景就会瞬间消失不见。

这对豆娘夫妇就在我的脚边，我差点就踩到了它们

它们是放松警惕了吗，是因为爱得太过投入了吗？不管怎么说，我肯定是做到了没有打扰它们。这时我突然做了一个大胆的决定，我用我剪裤子口袋的剪刀把它们所在的那节草枝剪了下来。这对情侣沉浸在它们的“恩爱”中，竟然没有被惊动分毫。太棒了！我把草枝放在随身携带的小温箱里，迅速起身回到车上。我赶紧把温箱放在后备厢里，然后一脚油门往家开。一路上我对自己很是恼怒，我应该在池塘边架上摄影机的，我以前这样做过，但是这次很不巧没这么做。池塘离我家只有 3 公里的路程，但我心急如焚，这路程似乎变得像 100 公里那么长！

我终于到家了，但还是要打扰一下这对情侣

我轻轻地把温箱放在书房里。一切都准备好了。只需打开闪光灯，检查一下数码相机的内存卡上是否还有空间。几秒钟就像几小时一样难熬！当我放下草枝时，我的手像树叶一样颤抖。最初的几张照片不是很好，构图不够完美。不会吧！冷静点，我真是该死！最后，我感觉自己逐渐放松下来，渐渐专注于眼前的情景。按下几次快门之后，一切都进展顺利，优雅的豆娘情侣仿佛静止了，还沉醉在无尽的幸福中。我决定打开窗户，希望它们能理解我意图。它们一下子就明白了，飞走时还给我留了一些蜜月旅行的美照作礼物。看到它们重获自由，我由衷感到幸福。

现在，已经是冬天了。我在迫不及待地等待着蜻蜓的归来。

西方蜜蜂（*Apis mellifera*）。

采访

斯特凡对安德烈·奈尔（André）与罗曼·卡鲁斯特（Romain Garrouste）的访谈录

回到过去

蜻蜓
带翅膀的历史见证者

蜻蜓在地球上已经生活了3.5亿年。过去和现在，它们的身形和行为习惯有没有可比性？研究这些化石有什么用？我们能从研究中了解过去、洞见未来吗？法国国家自然历史博物馆进化和系统分类学部、法国国家科学研究中心和法国国家自然历史博物馆的UMR7205“生物多样性的起源、结构和进化”项目的研究人员安德烈·奈尔和罗曼·卡鲁斯特为我们解开了谜团。

晏蜓的蜕皮（2011年摄于香槟省亚登大区）。
尼康D3X，AF-D 60mm微距镜头，f/22，1/250s，ISO 100

沼泽鸢尾花下的赤蜻属（*Sympetrum sp.*）（2011 年摄于香槟省亚登大区）。
尼康 D3X，AF-D 60mm 微距镜头，f/22，1/250s，ISO 100

蜓的稚虫（白垩纪时期，出土中国辽宁省热河生物群）。
康 D3X，AF-D 60mm 微距镜头，16，1/250s，ISO 100

晏蜓的蜕皮（2011 年拍摄于香槟亚登大区）。
尼康 D3X，AF-D 60mm 微距镜头，f/32，1/250s，ISO 100

斯特凡：安德烈，你为什么会选择研究昆虫化石呢？

安德烈·奈尔（下称安德烈）：其实我从很小的时候就迷上了昆虫和自然科学，大概九、十岁吧，反正很久了。刚开始时，我做的就是收集平时看到的活昆虫。但是我需要把这些小虫子给杀死，这让我极为不适。后来，应该是1980年，朋友带我去参观了一个昆虫化石地层，在那里我发现了一只被证实为新物种的蜻蜓。于是我想，好吧，昆虫化石里面的小虫子都已经死了，那我收集它们、研究它们就不会再有什么顾忌了！

研究昆虫化石看起来好像很幼稚，因为都是些小虫子，能有什么意义呢。但事实上，昆虫占到了物种多样性的80%，也就是目前陆地生物的80%。从石炭纪、也就是3亿年前到现在一直如此。忽略它们就意味着忽略了80%的古生物学信息。所以，研究它们可太有必要了，这样才能更好地了解地球上4.5亿年的生命史。另外，还有一点，昆虫化石通常保存得很完整，这与脊椎动物化石截然不同。哺乳动物化石、恐龙化石通常能保存比较完整的是骨骼、下颌、牙齿等部分，但是皮肤、毛发和羽毛能够保存下来的非常稀少，甚至几乎没有。

昆虫化石研究的难点，看起来好像是如何找到丰富的昆虫化石地层。但是实际上，昆虫化石地层很常见，只要找就一定会发现。在法国，我就能说出50多个昆虫化石发掘点，而且这些发掘点往往储量丰富。我已经在这些地方发现了许多非常漂亮的小生物……

斯特凡：罗曼，你呢？你的心路历程是怎样的呢？

罗曼·卡鲁斯特（下称罗曼）：我呢，现在可以说在昆虫研究方面具备了双重能力。本来我研究的是活体昆虫，尤其是热带地区的活体昆虫。我进入昆虫化石研究领域比安德烈晚多了，他可是世界顶尖的昆虫化石专家。我正是遇到他才开始接触化石研究的。我发现化石研究非常有趣，而且对我的研究是极好的补充，因为我可以借助现有的知识来了解过去，同时也可以通过研究过去更好地理解未来，这样，就真正实现了研究的闭环，所以我也开始发掘化石。非常有趣的是，当我在一个化石发掘地工作时，白天我发掘昆虫化石，而晚上我研究活体昆虫。

拍摄人：罗曼·卡鲁斯特

安德烈·奈尔，瓦尔河谷二叠纪公园

拍摄人：卡米耶·卡鲁斯特

罗曼·卡鲁斯特，澳大利亚

晏蜓的稚虫（2011年摄于法国乌蒂内）。

蓝晏蜓（2011年摄于香槟省）。
尼康D3X，AF-D 60mm微距镜头，
f/20，1/250s，ISO 100

各国研究人员齐聚在安德烈的小办公室，通过电脑屏幕共同研究化石。

化石用盒子装起来保存，科学家们随着研究的深入将对它们进行进一步的描述。这项工作非常耗费时间，是一项长期任务，特别是在工作人员人手短缺的情况下。

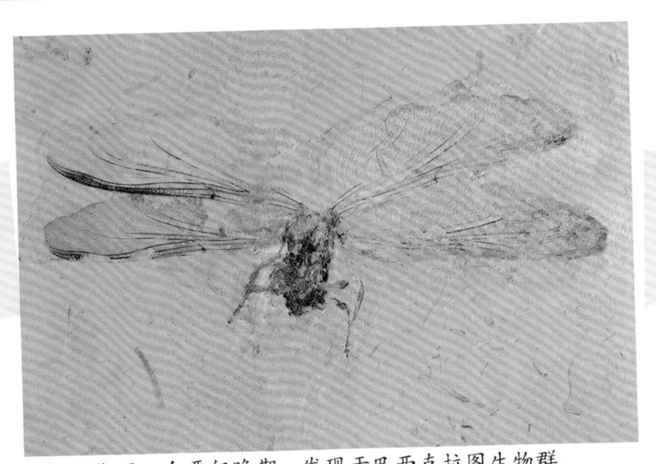

大衍蜓化石，白垩纪晚期，发现于巴西克拉图生物群。

完善物种鉴定工作的必要设备——双目镜。

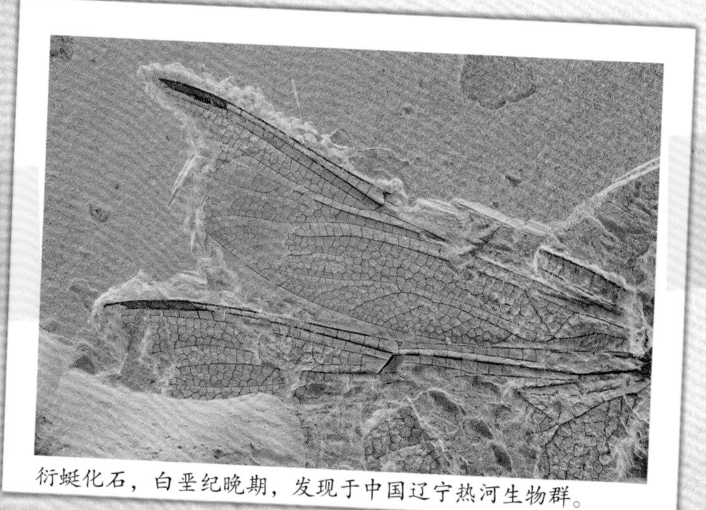

衍蜓化石，白垩纪晚期，发现于中国辽宁热河生物群。

斯特凡：第一次看到蜻蜓化石的人，都会惊讶于昆虫化石的细部如此完整，并情不自禁地会想知道原因。

那么，如何解释这种现象呢？昆虫的几丁质为什么没有被破坏？为什么在有些沉积地层非常坚硬的地方，几丁质也能保留下来？

罗曼：事实上，在大多数的昆虫化石（尤其是蜻蜓化石）中并没有真正被保存下来的几丁质。几丁质通常会被降解，并经常被不同来源的有机物（动物本身的或参与破坏尸体残骸的微生物）所取代。化学来源的颜色（红色、黄色等）也会被降解，但是金属蓝色或者金属绿色通常被保存得很好，因为它们是物理来源（光在昆虫皮肤内部和皮肤表面的反射和折射）。此外，也要注意到，在巨大的压力下，昆虫经常会被压扁并出现变形。实际上在大多数情况下，只有翅膀的保存状态是完好的，就好像是在岩石上面复刻一样。

斯特凡：任何一个稍微了解蜻蜓的人都会立刻发现这些数百万年前的古老物种和今天的物种之间存在极为明显的相似。值得一提的是，大自然能够把已经灭绝了的物种保存得如此完好，这绝对令人称奇。但是，我们因此也就更想知道这个物种到底有没有进化？如果有，又是什么进化呢？

罗曼：其实，化石正是这种进化的证据，正是它们直接见证了进化。对于昆虫（尤其是蜻蜓）来说，这种进化非常古老，比哺乳动物的进化要早得多。哺乳动物是在过去的6500万年间经历了巨大的变化，而蜻蜓的主要形态特征是在2亿年前获得的，它们的某些结构甚至可以追溯到3亿年前。但同时，它们并没有停止进化，现在的物种都非常年轻，不到500万年。所以我们的工作很重要，就是要不断检测、分析和解释这些变化的演进和变化带来的结果。

斯特凡：显然，白垩纪时期的蜻蜓的生命周期和今天的蜻蜓是一样的：一段时间是水生的幼虫，另一段时间是空中的成虫。但是它们之间的区别是什么呢？它们吃什么呢？它们在什么样的生物群落中进化的呢？

罗曼：从最早发现的化石就可以明确蜻蜓是掠食性动物，它们以其他节肢动物的幼虫和成虫为食。通常在淡水中（有时是咸水）它们掠食幼虫，在空中它们掠食成虫，可以说它们是已知的最早一批空中掠食者。我们还不是很清楚3.2亿年前的第一批蜻蜓稚虫的情况，不过对于白垩纪的我们就了解得清楚多了。似乎侏罗纪时期和白垩纪早期（1亿年前）的蜻蜓生活在高含氧量的湖泊中。在大约1亿年前的时候，这些湖泊的化学性质发生了变化，含氧量大幅度降低。主要的原因是裸子植物被被子植物代替，被子植物有更多叶子、能产生更多有机质，而植物源性有机质的增加使得湖泊的含氧量下降。所以，包括蜻蜓在内的水生昆虫动物系也因此发生了变化。

令人难以置信的是，这张拍摄于2012年4月的晏蜓稚虫，在外观上与上一页提到的它白垩纪早期的祖先惊人地相似。
尼康D3X，AF-D 60mm微距镜头，f/29，1/250s，ISO 100

斯特凡：让我们想象一下不同时期的蜻蜓们的一致的捕猎方法：它们从高处敏锐地观察着，一见到猎物便运用特技般的飞行技巧去捕捉猎物，然后带着猎物回到栖息之处享用大餐。如果真是这样的话，那么研究现今的蜻蜓的捕食行为能不能为研究过去的蜻蜓捕食行为提供帮助？或许这就是一种行为的重现？

罗曼：自石炭纪晚期开始的时候，蜻蜓类就有两种捕猎行为：小型蜻蜓擅于纷飞穿梭于森林或河边的树丛间，它们主要捕食小昆虫；大型蜻蜓（石炭纪存在的、确实很大型的昆虫，其翼展可达 70 厘米）擅于在翱翔滑行在自己领地的湖面上，不容许其他蜻蜓的侵入，它们捕食更大型的猎物，甚至其他的掠食者昆虫也会成为它们的食物。这两种蜻蜓虽然分属于不同的时代，也有不同的血统，但这两种捕食行为却都非常古老。

斯特凡：捕食蜻蜓的掠食者有哪些？

罗曼：从石炭纪直到二叠纪中期，两栖类动物或鱼类会捕食蜻蜓稚虫，但是它们不会对成年蜻蜓造成威胁——巨型蜻蜓并没有多少天敌。但自二叠纪中期开始，尤其是三叠纪晚期，情况发生了变化，先是出现了可以滑行的脊椎动物，然后又出现了飞行能力很强的脊椎动物（如翼龙）。到了侏罗纪晚期之后又出现了鸟类，这些可以飞行的脊椎动物成了成年蜻蜓的主要捕食者。在距离现在更近一些的年代，亚洲双翅目昆虫（白垩纪时期）开始攻击捕猎小型蜻蜓。

斯特凡：蜻蜓眼睛的特征非常显著，它们由许许多多的小眼组成——在 4 平方毫米的面积上就有 3 万只小眼。蜻蜓还有两个显著特征：既强韧又柔软的翅膀和具备高度灵活性的头部。这些特征是从远古保留下来的吗？还是通过漫长的进化才拥有的呢？

罗曼：可以说这是与蜻蜓捕食性生活方式有关的进化，这种生活方式出现得很早，至少在 3.3 亿年之前。在进化过程中，蜻蜓的胸部向前移，胸足上布满了钩刺，足和口器连接成一个整体，形成了一个真正的飞行掠食陷阱。不过这一进化也给蜻蜓的着陆带来了一些问题，而且蜻蜓几乎是无法行走的。

色蟌科蜻蜓（2011 年拍摄于法国的香槟亚登大区）。
尼康 D3X，AF-D 60mm 微距镜头，f/22，1/250，ISO 100

斯特凡：随着时间的推移，（蜻蜓）还出现了哪些特征呢？

罗曼：（蜻蜓）另一个进化而来的特有结构是交配系统：雄性在靠近胸部的第二腹节处有一个精子储存器官（贮精囊），而其他的生殖器则像其他昆虫一样位于腹部末端。这种构造形成于石炭纪，但那个时期也有些蜻蜓没有这种结构，可能这些蜻蜓中的雄性会把贮精囊放在地上，然后雌性再用生殖器拾取贮精囊吧。

小型均翅亚目蜻蜓，雌性，白垩纪早期（距今 1 亿年～1.46 亿年），发现于巴西克拉图生物群。拍摄于巴西东北部的克拉图地区。

斯特凡：我们如何解释恐龙灭绝了，但许多昆虫却存活下来的现象呢？昆虫体形相对较小是关键原因之一吗？这就是史前蜻蜓较大的原因吗？

罗曼：恐龙作为一个分类类群并没有消失，因为它们的直系后代是鸟类，它们已经改变了自己。事实上，所有的物种都在消失，一个物种的寿命不超过500万年。白垩纪的昆虫种类已经消失了，但是，与恐龙相比，它们的谱系在形态和功能上更为稳定（例如，在这两个时期，白垩纪昆虫比哺乳动物更像现代昆虫）。这是因为维持这些形态和功能组织的生态系统几乎没有变化。与白垩纪木兰属有关的昆虫的生存环境没有太大变化，例如，新喀里多尼亚[1]的木兰属或南洋杉属仍然存在。由于石炭纪的小昆虫与白垩纪的大不相同，它们的生存环境在石炭纪和白垩纪之间发生了很大的变化。石炭纪蜻蜓的大小在2～70厘米之间，而体形较大的蜻蜓可能会随着年龄的增长而消失，这种会飞行的脊椎动物捕食者的消失可能与二叠纪末空气含氧量的减少有关（第2种原因较有说服力，但尚未得到充分证实）。

斯特凡：这是迄今为止在法国发现的最大的蜻蜓化石之一，也是第一次被拍到。如果珍藏着与古生物学和昆虫学有关的独家新闻会是什么感觉？

罗曼：每一块化石都提供了一种情感，因为它们是遥远的过去的见证。有时我们认为自己在研究另一个星球上的野生动物！通常，每一块化石都会告诉我们不同的故事，并提供有关过去的新信息。事实上，今天我们主要在寻找石炭纪时期非常小的昆虫，因为它们被忽略了，没有被收集，而且真的被遗忘了。其中，最古老的现代昆虫的代表，如甲虫或苍蝇，它们比今天的昆虫要古老得多，种类比我们想象中的要多得多。独家报道将围绕着发现一个2毫米长的昆虫翅膀展开，这不壮观，但却非常令人兴奋，因为这些非常古老的化石表明昆虫拥有的现代血统实际上非常古老，一个当代血统在2.5亿年前以灭绝的形式存在。这些离散的形式往往包含了最丰富的进化信息。

斯特凡：蜻蜓的肌束的尺寸过大，需要大量的能量输入。因此，可以想象，它们的体形变小也是为了适应气候变化和群落生境，以便于寻找充足的食物吗？

罗曼：当然，这对所有的有机体都一样。从石炭纪开始，蜻蜓就具有很好的飞机技能，当时蜻蜓的体形并不比现在大多少。在当时，确实有一些“巨型动物”，且涉及多达10个物种，所有其他物种的大小则与现在的相似。巨型动物指的是霸王龙，它们可以捕食大型动物，而其他的是适合捕食小猎物的小食肉动物，但数量上肯定是更多的。

斯特凡：蜻蜓的稚虫以水为生。在3.5亿年后，它们仍然依赖于水的质量和在水里找到的食物生存。我们有关于蜻蜓生物群落的相关数据吗？

罗曼：与今天相比，拥有着众多水生物种的远古湖泊比白垩纪中期以后的湖泊更加富含氧气。

斯特凡：你如何描述一个史前池塘？它和现在的蜻蜓生物群落有很多相似之处吗？如果可能的话，你能给我们画一幅“史前池塘型”物种的肖像吗？

罗曼：（史前池塘）平均含氧量更高，㰖足类或旋毛虫这类昆虫，现在只生活在水流湍急的河流中，但此前可以生活在池塘中。

石炭纪时有甲壳类、蜻蜓稚虫等水生昆虫，但没有蛾蠓幼虫，它们出现在1000年后。自三叠纪以后，苍蝇的出现一定引起了很大的变化，因为它们的幼虫是蜻蜓的重要食物来源，也是真正重要的食草动物和有机体的回收者。又过了1000年之后，池塘中的含氧量急剧下降，需要高含氧量的昆虫从湖中消失。再过了4000年后，这里也发现了3条腿的甲壳类动物。与蜻蜓不同的是，它们从那时起几乎没有变化。这种随着时间推移而产生的明显相

[1] 译者注：位于南回归线附近，处于南太平洋，距澳大利亚昆士兰东岸1500公里处。该地区主要由新喀里多尼亚岛和洛亚蒂群岛组成。

蜻蜓的同类相食现象非常普遍。这种白扇蟌昆虫无法逃过雄性粗灰蜻的魔手。

世巨尾亚科昆虫，生活在中二叠纪，发现于法国的洛代夫（法国埃罗省的一个市镇）。这种动物属于古生代巨型蜻蜓（翅膀很大，但身体相对较小）。

毫无疑问，这是地球上最大的蜻蜓之一。平均而言，这只尚不清楚其天敌为何物种的巨型蜻蜓比我们现在的大多数蜻蜓的体形要大十倍有余。

似性被称“活化石”，它们的进化与表面形态关系都不大，更不用说蜻蜓了。

吃货们可能会把下图当成是一小块普通的牛轧糖，但其实它确实是一只蜻蜓的化石［等脉蟌蜓（无具体描述），侏罗纪中期，发现于中国内蒙古地区］。

在这块化石里，蜻蜓已经残破的翅膀上还存留了一些色彩痕迹。善于观察的人一定会发现它和我们现今的小蜻蜓有很多共同点……

斯特凡：十几年起，欧洲建设了绿色通道，加拿大建造了绿色走廊，这对生态问题来讲，是不是一个令人满意的回答？是否真正做到了让现有的物种能够在更多的地域落地生根？是否在一定程度上切实避免了同源近亲繁殖问题、保证了血统的更新迭代？是否为生物的必要迁徙提供了便利？

罗曼：怎么说呢，这种网络状的保护系统不同于“孤立的”保护区，可以说这是一种全新的、相对先进的生态保护思维方式。然而，这丝毫不能解决自然管理的普遍问题。自然管理应该范围更加广泛，并与人类活动紧密结合，要关注那些看起来很没用的物种的研究，如昆虫的研究，实际上正是这些不起眼的昆虫构成了大多数食物链的底层。一切都取决于这些保护系统的实际运行方式，以及对其有效性的研究。这些项目和政策，常常宣传得很好，是一种虔诚的愿景，但实际的运行方式却极其有限。比如有些国家的国家公园和保护区，只是简单地在地图上划定一个范围而已，还有的处在身份很模糊的窘境。欧洲的 Natura 2000 就是一个这样的例子。不如让我们给自然留出足够的空间，别把我们人类搞得如同无孔不入、四处入侵的细菌一样。

斯特凡：目前，受杀虫剂的使用、频繁的人类活动、建筑区域的扩大，还有气候的变化的影响，依你所见，昆虫未来的生存状况还会好吗？

罗曼：嗯，对部分昆虫来讲应该还好，有些昆虫其实是机会主义者[①]……

确实有一些动物群落会发生改变、会被削弱，甚至出现区域性的物种消失，我们只能希望这些变化不要发生得太快、太激烈，希望我们还能有时间去认知这些物种……

连锁效应会影响我们的生活方式，比如农作物传粉者数量的减少，还有很多影响我们其实尚未发现。

① 译者注：想表达的意思是，虽然一切都在变化，但是有一些昆虫会利用和借助这些变化来更好地生存下去。

请记住，没有昆虫的世界是不可能的。

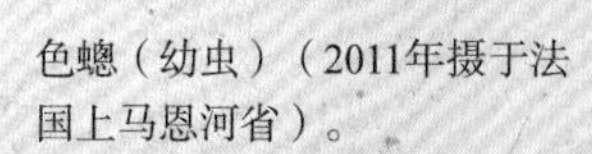
色蟌（幼虫）（2011年摄于法国上马恩河省）。

斯特凡：你的角色应该不仅仅是清点和描述昆虫化石，虽然这已经非常了不起了，还有许多科学家从世界各地来到你这里查询档案、交流工作、分享知识。你作为一名科学家，既要外出发掘，又要处理办公室事务，你是怎么分配时间的呢？

罗曼：我把 10% ～ 20% 的时间用于室外现场考察；40% 的时间用于文献研究、材料准备；40% 的时间用于思考、写文章；40% 的时间用于寻找资金支持；10% 的时间用于和大众交流、在大学里面教学、参加学术会议。这么看，累计占比早已经超过 100% 了。调配时间可跟调酒不一样，而且我们经常需要加班……

色蟌（雄性）（2011 年摄于马恩河）。尼康 D3X，AF-D 60mm 微距镜头，f/20，1/250s，ISO 100

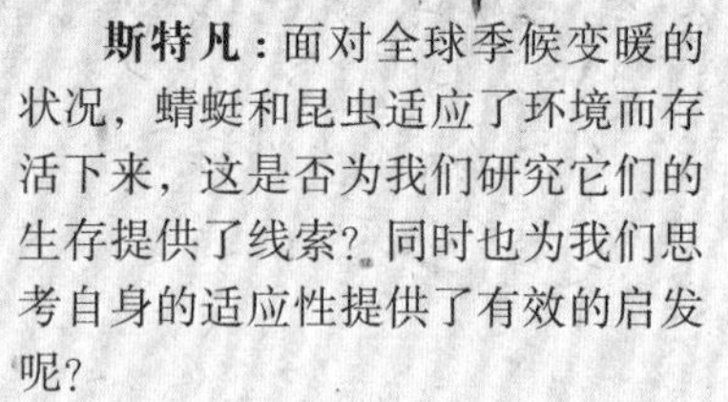

中二叠纪巨型蠊化石，发现于法国埃罗省的洛代夫镇。

斯特凡：面对全球季候变暖的状况，蜻蜓和昆虫适应了环境而存活下来，这是否为我们研究它们的生存提供了线索？同时也为我们思考自身的适应性提供了有效的启发呢？

罗曼：迄今为止，还没有哪个昆虫科因人类活动而灭绝，能够引起物种灭绝的只有非常大的危机。如果人类活动真的让物种灭绝了，那意味着人类所引发的生物多样性危机要比白垩纪晚期巨型陨石坠落的破坏性更强。但人类确实正在制造危机，有一些物种确实已经消亡了，要是再这样下去，20~50年以后，就会有十几个昆虫谱系消亡，也会有几十万个其他物种消亡。如果到那时人类才开始担心，肯定为时已晚，因为物种灭绝是不可逆的，由此引起的对地球生态系统的影响也是不可逆的。

我们以化石为核心所进行的科学研究，使得我们对以上的情况有了认知，并特别认识到物种或谱系灭绝是进化的客观现实。

斯特凡：了解过去有助于解释现在和洞见未来吗？你对未来的蜻蜓是怎样想的？

罗曼：我们尝试全面地看待气候变化的影响，这并非易事，因为这涉及太多方面，化石也只不过提供了一个分析这种现象的有局限性的视角。未来，蜻蜓的多样性应该会减少，因为人类活动导致地球上的淡水量不断下降。一些国家已经开始保护所有的蜻蜓，以便更有效地保护水生物种的栖息地。这种举措很重要，但是遗憾的是，在法国，淡水水生生境受到的保护少之又少，比如地中海地区，那里淡水资源极其珍贵，但对淡水资源的保护却很有限。另外，沼泽一直被错误地认为是没有用的，因为沼泽不能产出经济效益，所以可以被用来建工业园区、旅游场所或者房地产项目。也许未来的蜻蜓会被迫离开淡水，变成海洋生物呢！

一千万年以后，或者用不了这么久，我们人类就灭绝了。但是我觉得，正因为现今的蜻蜓的多样性一直在演化，这个物种将会继续生存发展下去。

幽鳞扇蟌（2011年摄于法国上马恩河省）。♂

如果人类活动会使未来的蜻蜓的多样性大大减少，那么，或许脊椎动物会先消亡，因为人类活动影响最大的其实是它们。如果真是这样，到那时，或许我们会看到巨型蜻蜓“漫天飞舞”的奇景吧……

但，这，可真是太科幻了……

感谢马努·菲力（Emmanuel Fery）协助拍摄幼虫和水生植物。

更加感谢安德烈·奈尔和罗曼·卡鲁斯特，感谢他们的理解和支持，感谢他们在百忙之中抽出时间帮我完成调研。

尽管蜻蜓具有很强的领地意识，但不同种类的蜻蜓仍然可以共享一片栖息地。

这张照片里的就是三只暂时居住在同一领地的雄性蜻蜓：两只猩红蜻蜓和一只狞猎蜻蜓（2011 年摄于法国埃尔斯勒莫吕特省）。

尼康 D3X，AF-D 60mm 微距镜头，ISO 100

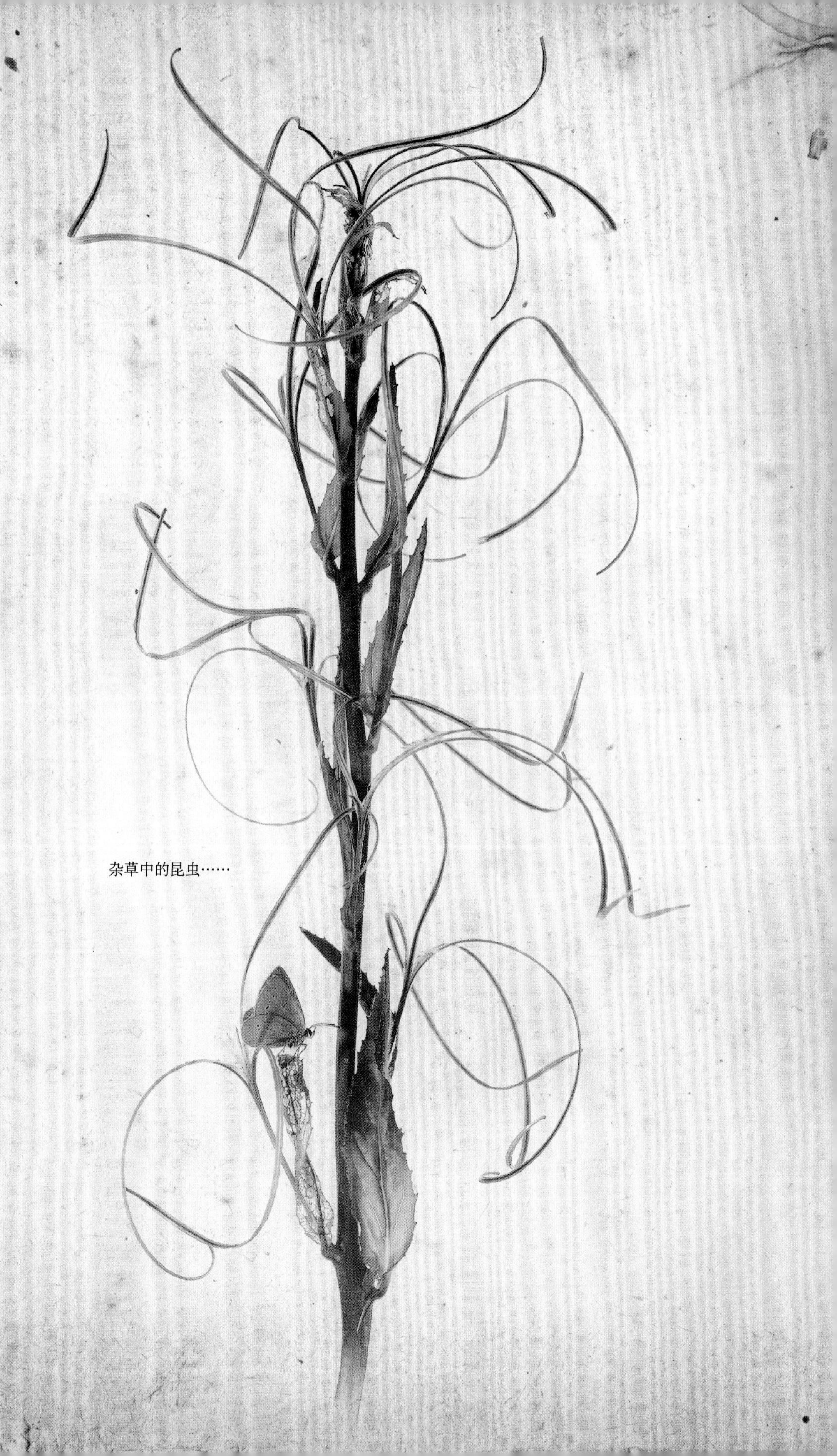

杂草中的昆虫……

– 专业用语汇编 –

植物器官：植物生长的所有器官。植物系统分为两部分，包括根系（根）和茎叶，它们从环境中提取植物维持正常运转所需的元素。

自交：这是一些植物的一种有性生殖形式。当受精所需的雄性和雌性器官在同一朵花中时可自交。一些动物物种也存在自交行为，尤其是扁扁的蠕虫。

性别二型性：是指同一物种的雄性和雌性在外观上的差异。

精子释放：在交配过程中精子从雄性体内排出的过程。

鞘翅：指的是部分昆虫在静止时前翼翅会覆盖住后翼翅（里面的翼翅）。翼翅坚硬且不会拍打，在飞行时仅抬起，就像鳃角金龟或其他甲虫一样。

羽化：某些昆虫的一个发育阶段，包括蜻蜓和蝴蝶，在这个阶段幼虫会变成成虫。对于蜻蜓而言，就是它们从水生环境到陆地环境的转移过程；对于蝴蝶，就是破蛹化蝶的阶段。

两性生殖：这是有性生殖的一种形式。在植物的两性生殖中，传粉者把花粉从一朵花传到另一朵花以确保受精。

几丁质：几丁质是含有氨基的多糖类物质，是虾、蟹外壳的主要有机成分。

蜕皮：动物经过一定时间的生长，重新形成新表皮而将旧表皮脱去的过程。

生态碎片化：这一概念包括人类活动（修道路、搭栅栏等）所产生的所有空间碎片化现象。这些现象影响了一个或多个物种的正常活动。

茎：在被子植物中，茎是没有叶子的单茎，花或花序及幼苗在上面生长。

血淋巴：无脊椎动物中起血液作用的液体。

成虫：成虫是幼虫完成变态后的最终形态。

花序：开花植物茎上的花的排列方式。例如，伞形花序是常春藤的花序；簇生花序是紫藤的花序。

化蛹：是幼虫向蛹转化的标志，是昆虫发育的中间阶段。蛹随后蜕变成成虫，这是最后的蜕变。

单眼：单眼是一只只小眼睛，其主要作用是感光，位于许多昆虫头部的后部或前部。

翅痣：某些昆虫翼翅前缘上的深颜色色斑。

蛹：在全变态昆虫中，蛹被称为幼虫和成虫之间的中间阶段，本书说的是双翅目昆虫。

根茎：根茎是一些多年生植物的地下（或水下）茎，鸢尾花即如此。

- 作者是谁-

斯特凡·赫德

斯特凡拍摄蝴蝶（但不只是拍蝴蝶！）已经十余年之久，为此他一直在开发他独有的技术，力求既能拍到好的照片又不会伤害拍摄对象的完美方式。如今，他是《自然图像》杂志的编辑和作家。他充满激情、对周围的自然有着永不枯竭的好奇心。他揭示了自然的诗意美，同时也捕捉到了自然的脆弱美。作为康颂品牌（一款100%棉质的博物馆级白色美术与照片相纸）的全球形象大使，他的照片全部由Blin Plus Blin Gallery公司刊登发布。他同时是几本书（负责文字和摄影部分）的作者，包括《欲望的翅膀》*Les ailes du désir*、《蝴蝶梦想的生活》*la vie rêvée des papillons*、《4平方米的自然》*4 m² de nature*、《真正的自然仙女》*Les vraies fées de la nature*、《爱之树》*Les arbres amoureux*。作为世界动物卫生组织（CIPO）理事会成员，他致力于保护昆虫及其生存环境。他的作品多次获奖，并经常在国际上展出和出版。

马塞洛·佩蒂内奥

作为一名优秀的平面广告设计师，马塞洛在2009年前往中非旅行之后，决定做一名自然主义艺术家。无论是钓鱼、摄影，还是绘画，都是他在探索自然中倾注的热情。这些旅行使他具有更接近于古代伟大的自然主义艺术家的精神，并最终促使他能够接触到从小就经常用于描绘题材的动物。其中，最引人注目的是刚果蒙迪卡平原的大猩猩、阿根廷巴拉那的鸟类、坦桑尼亚纳特龙湖南边雄伟的长颈鹿、喀麦隆北部法罗河的河马，以及肯尼亚马赛马拉的大型动物群。受巴黎国家历史博物馆氛围的滋养，在他的潜心钻研下，他的画风得到了认可。打开他的画册就像是打开一本巨大的旅行日记，他用他的所见邀请我们去探索和质疑我们与荒野的关系。除拥有漫画家的才华之外，他还积极参与动物保护，一直在支持着几个致力于保护穿山甲、狐猴、猎豹和大象的动物保护协会。